Abats

Depuis 2009

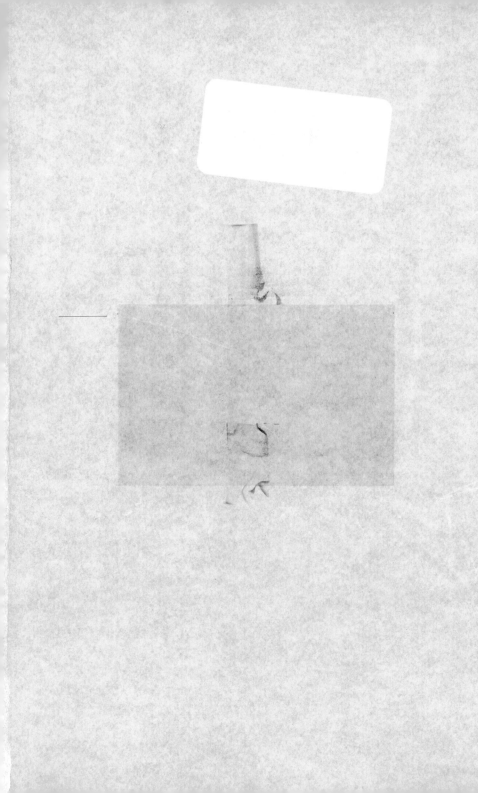

無添加シャルキュトリ

無添加シャルキュトリ

食肉製造職人からのメッセージ

門脇　憲

MKP

à Natsuko

まえがき

本書は、シャルキュトリを愛している人はもちろん、食肉製品製造業の資格取得を目指している人や、飲食店でシャルキュトリを取り入れようとする人たちのヒントの一つにでもなればと思い書きました。

高度な技術が必要なシャルキュトリもありますが、もともとは家庭料理から来ているものもあるので、これから料理をはじめる人でも作れると思います。

当店では無添加でシャルキュトリを製造しておりますが、各店や保健所の規定によって添加物が必要な商品もあります。製造する人は用途によって添加、無添加を選ばれたら良いですし、購入される人は賞味期限や保存方法などをご理解された上で、添加、無添加の商品を選ばれると良いと思います。

あえてほかのシャルキュトリ本と違う視点で書かせていただいた部分もありますが、同じ製造者として命をいただき、調理し、フードロスも含めて現代の生活スタイルに合わせた商品をご家庭の一品に取り入れてもらえればと思います。

この本を読んで、シャルキュトリを好きな人が一人でも多く増えてくれるとうれしいです。

写真撮影：©Hiroshi ITO（dimension）

無添加シャルキュトリ

★目次

無添加シャルキュトリ　目次

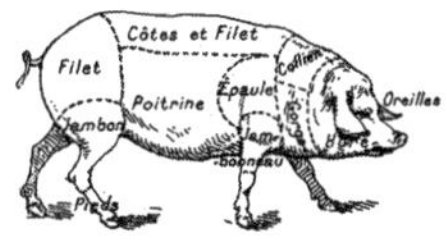
Côtes et Filet
Filet
Poitrine
Epaule
Oreilles
Jambon
Pieds

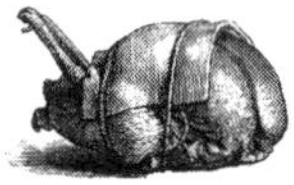

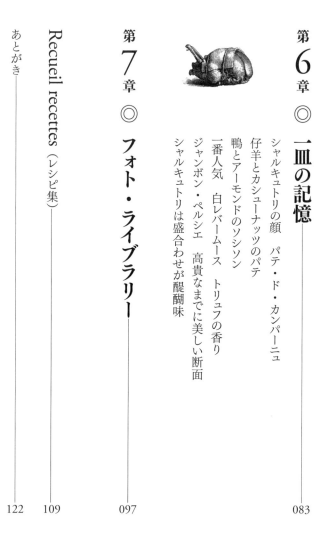

無添加シャルキュトリ

食肉製造職人からのメッセージ

第1章 プレリュード

Abats

料理人を目指して

料理人になろうと思ったのが、たしか小学五年生か六年生の時だったと思う。

元々料理が好きだったのもあったが、決定的になったのは、テレビで三國清三シェフが、象が舐めるというアフリカのサバンナで採れる塩を使って料理をするという番組を見て、三國シェフに興味をもったことだった。

三國シェフが、北海道出身ということもあって地元テレビに時々出ていたので、それからフランス料理というものを知った。


高卒で料理の世界に入るか？

専門学校からスタートか？

高校の時に専門学校に電話したら、一件老舗フランス料理店の名前を教えてもらった。

後日、ろくに電話の話し方もわからないままそのお店に連絡をしてみたら、
「専門卒じゃないと雇えない」
と言われた。

ということで、ほかの選択肢など考えず専門学校に進み、入学してすぐにそのレストランに飛び込み、無給で研修させてもらうことになった。

卒業後、シェフから「カド、お前明日から二〇〇〇円」とだけ言われた。一日約一八時間働いて二〇〇〇円。時給換算は、するまでもない。

半年で八kg痩せたのを覚えている。

記憶している賄いローテーションは、

(火) ペペロンチーノ
(水) ブイヨンを取ったあとの味のない野菜に塩をふって食べる
(木) ピザ生地にニンニクとオイルをかけたやつ
(金) 週二回目の出し殻野菜たち
(土) ブイヨンで味の抜けたくず肉に市販のカレールーを入れたもの
(日) 記憶なし

時々、冬場の定休日に札幌南部にある畑に行き、雪を掘り起こして根菜の収穫。キンキンに冷え切ったまま店前で解散。そんな思い出がよぎる。

ある時先輩がシェフに一言文句を言ったら、モップの柄で歯をやられて病院送りに。お腹も痛いからついでに診てもらったら、アバラ三本追加オプションという始末。こういうことは年に数回あったと思う。スタッフが辞める人数は年間かなりの数に上ったが、フランス帰りの方や、順番待ちの方がどんどん入替りで来ていたため、筆者には社員枠どころか、給与も二〇〇〇円のままだった。

皆栄養不足で、身体を掻きながら仕事していた。

料理は、今思い返しても素晴らしく美味しい皿だったが、環境にも限界があったので、店を替えることにした。

富良野近郊のレストランで、三ツ星出身のシェフと出会い、約二年間一緒に働かせてもらった。二二〜二三歳で海外へ行きたかったので、そこから一年間稼げる仕事を色々やって九〇万円貯めた。

ヨーロッパへ

昔から深夜特急やグレートジャーニーが大好きだったので、ヨーロッパで修業するなら飛行機ではなく陸路で行こうと決めた。

『三国志』で有名な、中国湖北省、赤壁

東チベット

東チベット

まずは船で韓国、中国と渡って、初海外の田舎者が徐々に旅人になっていくように場数を踏んでいった。中国は一六の省と五つの自治区を周った。東南アジアを南下し終えて再度中国に戻り、チベットへ。同じような目的のバックパッカーと出来るだけ現地の服装に着替え、出入りの難しいチベット移動をはじめた。車の通れない山道だったので荷物の積載用に馬やロバを市場で購入した。

馬（約三〇〇$）
ロバ（約一五〇〜一八〇$）

ロバは安いが、よくサボるし、すぐ泣くし、やたら食うことを考えると馬のほうがオススメだ。そして移動範囲が終わるとまた市場で売る。まるでドラクエの世界だ。売値も買った時と同じくらいなので割りと損をしない。

チベットから北上してシルクロード東側から西へ。タクラマカン沿いを通ってカシュガルからタシュクルガンへ。そして四〇〇〇mを越えて『風の谷のナウシカ』の舞台になったフンザに入りパキスタンへ入国。カイバル峠を越えてアフガニスタンに行こうとペシャワールに向かったが、国境が封鎖されていたので、南下してインドへ向かった。その後、ネパールを経由し再び西へ。

パキスタン北部、フンザ

フンザ、現地の子どもたちと（『風の谷のナウシカ』の舞台）

パキスタンのレストラン

インド

パキスタン西部のクエッタからバスで一六時間、運転席の横に武装した警備員も乗せて砂漠を越えてイラン入国。イラン北部をバスで移動中、砂漠にある食堂に入った。

メニューは一種類のみ。出て来たのは山羊の頭の水煮、目の前で小さな鉈で前頭部を軽くコンコン叩いて店主が頭骨をつかみ、ボール皿に頭肉をドバドバッと出して「ボナペティ」と言わんばかりに出してきた。塩はまったく効いてなく臭いもたっぷり。テーブル脇にあったスパイスを付けて食べた。もともと山羊が苦手だった筆者は、これ以後、山羊を食べていない。

イランを三週間かけて周り、トルコに入国。黒海と内陸シワスを抜けてイスタンブールへ。トルコは飯がとにかくうまかった。イスタンブールでは宿が三$くらいで飯も（自炊含め）入れて一日五$で済んだ。

中東やコーカサス、東欧へ向うバックパッカーが多く、服を買い替える旅人も多かった。その後、一度ギリシャに入ったが交通の便が良すぎたりして、国境が高速のインターみたいに味気なかったのと、クリスマスモードのギリシャが独り旅に堪えたので、地中海経由の安フェリーでトルコに再入国した。

イスタンブールに戻り、かなり詳しいヨーロッパ地図を購入し、徒歩で東欧を周りながらイタリアを目指すことにした。

ガンジス川

イスタンブール

東欧での体験

トルコを抜けてから東欧を主に徒歩、山岳と内戦のある危険地帯は電車とバスで移動した。様々な民族がいるので食文化も多様で、行く先々で市場も立ち寄った。

バルカン半島は、イタリアへ向けて通った時とペナルティを受けた後にイタリア警察によってスロベニア国境へ戻され、途方に暮れて周った時と二回ある。

旧ユーゴスラビアの地域は旅行者もほとんど見かけず、仕事のない若者に絡まれることが何度かあった。コーカサスや旧ソビエトだったシルクロードの国々の腐った警察に比べたら、たいしたことではなかった。イランを通った時にも感じたが、自分と同世代の若者たちが仕事もなくイライラしているのを目の当たりにすると、自分は恵まれていると改めて実感した。

歩いてクロアチアとセルビアの間あたりの村を通った時に、トラクターに乗ったおっちゃんが昼飯に帰宅するからと言って、歩いていた自分を乗せて自宅まで連れてってくれたことがあった。

前日の煮込み料理の汁にパスタを入れて吸わせた、素朴な田舎料理を食べさせてくれた後、納屋に案内してくれた。驚くことに、その納屋には自家製の生ハムとサラミが数本吊るされていて、自家消費用らしく毎年食べる分だけ仕込むと、そのおっちゃんが説明してくれた（言葉は気持ち次第で通じる！）。

ユーゴスラビア、列車で同席になった子どもたちと

スロベニア

ハンガリー、トカイ

チェコとハンガリー国境の駅で

再びトラクターに乗り国道沿いまで送ってくれ、別れ際にサラミをいただいたのを覚えている。

東欧と区切るとざっくりしすぎてよくわからないが、自分が周った東欧？の国々は二〇近くあったと思う。今でこそ入れないウクライナや、不安定なベラルーシなども通れたのは貴重な経験だった。

あまりの空腹で黒海に潜って貝を採って晩飯にしたこともあるし、歩いていた時、その辺に実っていた渋々のプラムを捥いで食べて失敗したのもいい思い出だ。

徒歩で移動していると、もち歩く食材は自然とシャルキュトリとチーズとパン、チョコになる。リュックが三〇kg近い重さで、一度に何kmも歩くと肩がバカになるので一kmおきに休憩して一日四〇~五〇km歩く。

一人用テントで教会脇に張って寝たり、駅構内の使っていない車両脇のホームの椅子で寝たりする時もあった。

ルーマニアでは、そういう車両にネオナチがいたのも知らずベンチで寝ていたら、薬物中毒のネオナチたちがたくさん出て来て、別車両に移って行った瞬間に寝袋抱えて逃げたこともあった。

今でこそ、日本でも東欧各国のワインを目にすることは当たり前になっているが、当時は初めて飲む東欧ワインであり、生産者もたくさん周った。中でもハンガリーのトカイは最高で、ペットボトルに貴腐ワインを贅沢に詰めてくれた。

村に一軒あるかないかのシャルキュトリを置いてある商店などで、その土地のハムやサラミを買い、畑を見ながら食べるのが楽しかった。

なんとなく思っていたことだが、田舎ではパテというシャルキュトリはほとんど見かけなかった気がする。田舎はハム、サラミが中心で、街中に入るとパテなどレストランで出て来るようなシャルキュトリを肉屋や商店で見かけた。ブーダンなども基本ソーセージ状のもあれば豆腐のようなサイズで置いてあるお店もあった。

イタリアやフランスのシャルキュトリを見る前に、東欧やコーカサスのシャルキュトリを先に見られたのが順番的に良かっと思う。

アジアでも色々保存食を見て来たが、ヨーロッパに入ったこともあり、見慣れているシャルキュトリもたくさんあった。

ある時ルーマニアの村に夜遅く到着し、教会脇にテントを張って飯屋を探した。一件だけ食堂があってクローズしていたが、薄明かりがついていたので入って何か食べさせてくれと言ったら、従業員がまかないを食べるところで筆者の分に「とぐろ巻きソーセージ約七〇〇g」とパンとピッチャーに白ワインを出してくれた。ものすごく美味しく、二$くらいだったのを覚えている。

イタリアへ、そして強制空路出国処分

その後、東欧を周ってからバルカン半島に入った。サラエボでは銃弾の跡がない建物はないくらい街中ひどい状態で、泊まった宿の裏手の建物はロケットランチャーで穴が空いたままだった。

宿の大家が「うちはカトリックだが、周りはムスリムだから言わないでくれ」というのが宿泊する条件だった（一泊約三$）。

ベオグラードはそれなりに復興していたが、激戦区のモスタルはひどいあり様だった。クロアチアを抜けモンテネグロを経由して、再度ドブロブニクからフェリーでイタリアのバーリへ。

そこからネパール国境行きのバスでデリーまで一緒だったイタリア人のジャーナリストに会いにイスキア島に行き、その後、仕事を探しにあてもなくローマへ。

働く伝手もなかったので、ローマのレストランをかたっぱしから訪ねて雇ってもらえるか交渉し、だいたい五〇件目だろうか、ローマ近郊にあるリストランテで採用された。

店の地下に寝泊まりさせてもらい、二カ月ほど寝袋でやりすごした。その後、シェフが蚤の市でボロボロのベッドを買って来てくれた。身体は店のシンクで洗って、閉店後、冷蔵庫の食材を好きに食っていた。

その後に勤めた店でヨーロッパでの修業の夢が終わった。その店に勤めて一カ月ほどし

た頃、朝出勤して店地下へ行って野菜を取って上がって出ると警察官が一〇人程いて、そのままパトカーで連行された。近所のアジア人も皆、連行されていた。

何があったのか聞くと、夜中に中国人がイタリア人と喧嘩して怪我をさせたそうだ。自分も含め連行された奴らはビザも切れているし、労働許可もなく、店からは「無関係にしたいから書類にサインしろ」という冷たい対応が返って来た。

九日間、大部屋の拘置所に入れられ、結局、強制空路出国という処分になった。パスポートにあった他国の出入国記録も怪しまれ、対応は散々だった。本来なら二週間拘置され、身許引受けのない場合は強制送還らしく、費用もSP二名同行＋ビジネスクラスでの飛行機なので、二〇〇万円くらいかかるらしい（九日で出られたのは一件目のシェフが退職金の一部を出して保釈してくれたと、数年後に初めて知ることになる）。

まだEUになる前だったので、イタリアからとりあえず安い航空券で、ブリュッセルに飛んだ。ベルギーからフランスまで歩いて渡り、フランス北部の町で短期間ばかりで数件手伝い程度の住込みで働かせてもらったが、理想のレストランとは程遠い定食屋ばかりだった。

その頃は、EUに切り替わるため労働許可がより難しくなっていた。それから一年くらい経って、仕事もなくなりハンガリーのブダペストに戻った。

一＄の民泊があるからそこを定宿にし、今後の準備をした。当時捕まったペナルティが何かも理解せず、陸路からならイタリアに入国出来るだろうと安易に考え、いつも通りスロベニアまで歩きイタリアの国境へ。高速のインターみたいな所でパスポートを出すとしばらくしてから紙が一枚。そこにはローマ警察署で自分がサインした書類のコピーがあった。

本来なら五年入国不可だったらしく、それを犯した場合シェンゲン地区（EU圏）に八年間入国不可と言われた。

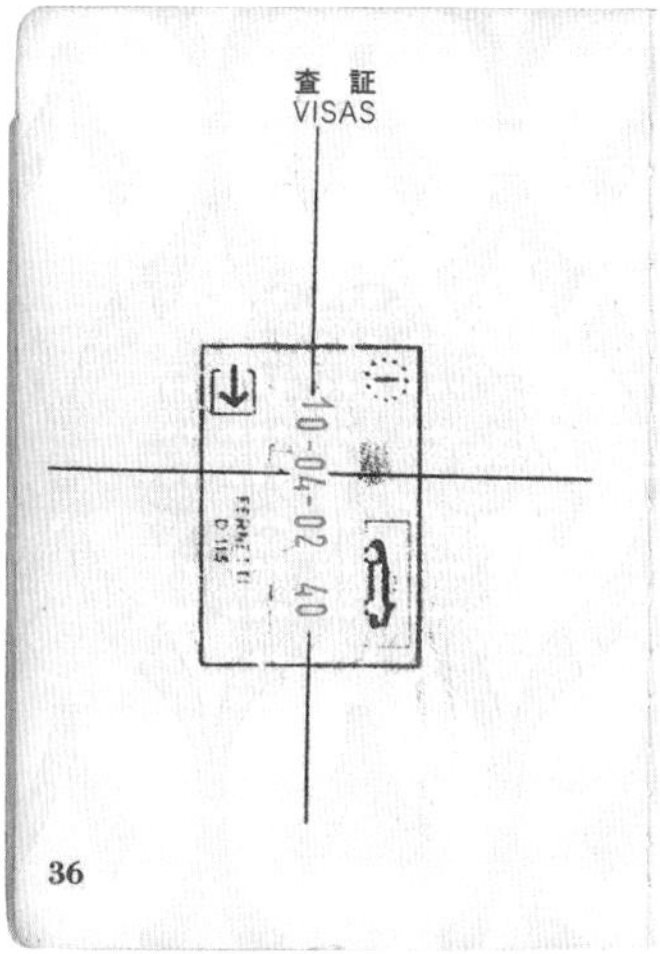

パスポートにシェンゲン×のスタンプ

チリの氷河をトレッキング中に川で頭髪を洗う

チリ、ペリトモレノ氷河

その後、イタリア側の入国係に、パトカーでスロベニア側に護送（朝方の四時頃だったと思う）されたのだった。その時、警察にインターレイルならＥＵ圏内でもばれずに入国出来ると教わり、国境間は電車で、それ以外は徒歩でヨーロッパを周ってイギリスへ向かった。

賢明な読者はおわかりだろうが、イタリア以後のヨーロッパの写真がないのは、強制空路出国の処分のせいでカメラを没収されたからだ。今でも残念でしかたがない。

リバプールから貨物船（アルゼンチン行）のコックの募集があると聞き、その会社を訪ねたが年に二本しかなく、しかも募集期間ではなかった。物価も高く仕事も見つからなかったので、飛行機でブエノスアイレスに飛んだ。ブエノス郊外に有名な日本人宿（一泊一＄）で準備をし、最南端まで南下した。

途中氷河周辺を五日間かけて独りでトレッキングしたりして、チリ、アルゼンチンのワイナリーをかなり周った。その後、パラグアイを抜けてブラジルへ入り、再度ブエノスアイレスで準備をしてからペルーを目指して北上した。

ペルーでは、インカの人たちの市場で早朝から働かせてもらった。食材の種類が豊富で、日系人がもって来た夏みかんなどもあった。保存食も塩を効かせて保存させるというより、高所を利用して乾燥させる保存食が多い印象だった。

アマゾン側は、また違ったと思う。

クスコの市場では二週間近く手伝わせてもらい、肉の解体から野菜の処理をやらせてもらった。その後北上してギアナ三国は行かなかったが、コロンビアからパナマに飛んで中米上陸。ニカラグアで某テレビ番組「○○のり」のピンク色のバスも見かけた。

その後、有名なグアテマラのスペイン語個人レッスンの教室を一カ月間受け、メキシコへ向かった。中南米で二年近くすごし、親父の癌の知らせを聞いて帰国することにした。

約六年で六〇近く国を周った。

第2章 本郷でのレストラン時代

Abats

本郷で

帰国後、旅仲間情報で御徒町のトランクルーム（月額九〇〇〇円）に、金が貯まるまで住んでいた。いくつかレストランで働いて、銀座のイタリアンの立上げシェフの話をもらい独立前のイメージをふくらませた。

三一歳の時、貯金五〇万円で独立というなんとも無謀な考えで、物件探しと金融公庫への借入の資料提出や面接をこなした。

機材選びや図面の見方など、銀座立上げをしたおかげでなんとなくわかるようになっていた。こういう知識をくれた銀座時代の相方、瀧本に改めて感謝したい。彼はいつも向いている方向は同じでも、あえて反対の意見や議題をぶつけて自分の方針が合っているか確認してくれた。なかなか出来る立回りじゃない。今でも尊敬出来る数少ない友人だ。

借入と物件も決まり、立上げ準備も順調に進んだ。コンセプトは今でこそ当たり前な響きだが、立ち上げた二〇〇九年では、

シャルキュトリ
内臓料理
ジビエ
自然派ワイン

何それ？　って皆に言われた。同業者でもシャルキュトリって何？　って。

しかし、スタッフがいなくても店を回せるには仕込みありきで、提供は早いシャルキュトリ主体がいいと決めていた。

スタッフがいないから営業できない

そんな言い訳をするなら独立する意味がない。だから、カウンター中心で出口への動線も増やし厨房、カウンターを左右くるくる周りながら動けるようにした。

ランチも当時九五〇〜一五〇〇円までの幅で、日替わりで約一二種類、席数はカウンター九席、テーブル六席。ランチは毎日四回転、ディナーはアラカルトで一回転していた。ランチメニューとディナーメニューはまったく別のスタンスにしていたので、メニュー被りはしないように決めていた。

ディナーのシャルキュトリ盛合わせを、皆だいたい注文してくれるので提供も早く、メインの準備の時間が出来たのでワンオペでも十分回せた。ランチ後の仕込みでシャルキュトリをそれぞれ日分けしながら仕込んで日々の作業にリズムを付けて、年間通して一二〜一五種類盛り合わせたので、他店と違うところを出せたと思っている。

レストラン提供なのに硝石などの食品添加物を入れている店も少なくなかったが、食材(肉の種類)が違っても似たような味になってしまうし、何より舌に残る食べ疲れが嫌だったので無添加で提供していた(提供後、多少変色するが香りが違った)。

ただし、店によって考え方が違うので、添加、無添加は、どちらがいいということではなく、それぞれの店が独自に判断するものであるべきだと思う。

冬の一一月からジビエの季節になると、メニューの黒板にはビッチリ野鳥の名前を書いたので、ランチ客にもそれなりのインパクトはあったと思う。ディナー前に入口で野鳥の羽をむしるのがこの季節の日課で、よく近隣からの苦情と保健所の指導をくらっていた。

年内は二本脚(野鳥)、年明けから四つ脚(ヒグマ、エゾシカ、イノシシ)に切り替えて提供したのもお客さんにとってはわかりやすくて良かったと思う。

若い時は、野鳥なんて焼かせてもらえなかったので、独立して身銭を切ってたくさん焼いた。ワンオペなので、弱火でほぼ背中からしか火入れしない方法も理にかなっていたし、安定して提供出来た（オーブンは使わない。胸肉はアロゼのみで背中の余熱を利用してアルミホイルで包んで火を通す）。

エゾシカとヒグマは新得町の福島さんから直接取引で仕入れていたので、すべての部位を格安で仕入れることが出来た。

シャルキュトリのバリエーションも増え、一一月〜一二月までのジビエシーズンと一年間のリズムも出来、立上げ当初から色々言われて来たけれど、何か言う人もいなくなった。入客数は困らなかったが、従業員はいたりいなかったりした。人を育てたりするのは向いていなかった。

本郷二号店

一二年間でワインバー一件、レストランをもう一件立ち上げた。従業員も少なかったので、皆よく働いてくれたが、自分が脛椎を痛めてしまった頃、母体が学校給食の会社からレストラン事業のセントラルキッチンを兼ねて、もう一つのレストランを設備ごと丸々買いたいと立上げ経費とほぼ同額を提示してくれたので、即、売却を決意し、ワインバーも業者の紹介で気のいいベルギー人に譲った。

それから本郷のレストランを休業し、空家賃を半年分納めてキープしながら脛椎のリハビリをした。営業再開時は、身体の様子を見ながら半年間くらいディナーのみで営業し、その後近所の主婦の方にランチバイトを頼んでランチ再開。直ぐに三回転するようになったが、無理はしなかった。

楽しく営業するように心がけた。

二店舗目として、ワインバーを立ち上げた。アバの料理は基本的に量が多いので、それを小皿形式で提供できる、カウンター九席と小さい四名席のテーブルと立飲みスペースが少しある一三坪のちょうどいい居抜き店舗だった。レストランが一五席しかなかったことも立上げの理由の一つだった。

シャルキュトリを小出しして、野菜の小皿料理に、メイン的な煮込み料理をメニューに構えてワンオペで回せるスタイルにした。メニュー数は約三〇種類だったので、ワンオペのワインバーというよりは小さなビストロ的な感じかもしれない。それを実現出来たのもシャルキュトリ主軸のメニュー構成だったからだ。

切って盛るだけ、野菜も六~八種類ほどマリネして用意しているので盛るだけ、メインも煮込み主体なので湯煎して盛るだけ。だからワンオペで、二回転切盛り出来るスタイルが確立出来た。

これなら料理経験もさほど必要なかった。昼間レストランのスタッフみんなでシャルキュトリやマリネ野菜などをまとめて仕込んで、小分けして使う。ランチもローテーションで回して、誰がどのポジションにいても動けるようにしていった。

今でもバーやカフェの立上げの相談が時々来るが、このシステムだとワンオペで回せるので、無理してあれこれ仕込むより、既製品を揃えて運営するほうが作業負担も少ないし、身体的にも仕事が継続出来るのでお勧めしている。

個人的な意見だが、ドリンクは良いのにフードがいまいち。もしくはその逆。といったお店がほとんどだったので、フードもドリンクも無理せず、品数もクオリティも充実させるにはこのやり方が良かったと思っている。


レストランでは、今と違って生ハム類も何種類か作っていた。立上げ二年目の一月から、生ハムを一年分仕込んで熟成させていった。主にエゾシカの生ハムとサラミ、鴨の生ハムと岩中豚のラルドを仕込んだ。五％の塩水に二・五％の三温糖と香辛料少し。ビニール袋で五日間漬け込み、ペーパーで水分を拭き取り乾燥させる。

乾燥させる時は、魚の干物を作る際に使用するファスナー付きのネットで、湿度の低い天候を選んで店の屋上に吊るして乾燥させる。

この作業で大切なのは毎日肉を揉むこと。そうすることで、肉の中心部の水分が分散して乾燥も早く、熟成させた時に中央部に溜まった水分で、蒸れからはじまる腐敗がなくなる。豚などの生ハムだと個体が大きくて無理だが、小さな個体の生ハムはこのやり方をオススメする。

ある程度（わりと硬め）に乾燥したら、少しオリーブオイルを入れて九九％で真空パックして熟成に入る。最低二年冷蔵熟成させると、しっとり柔らかくなる。


即席で出来る生ハムもある。合鴨のスモーク生ハムだ。

個体としても小さく、漬込み期間は同じだが、乾燥をさせない代わりに皮目をゆっくり弱火で焼いて、出て来た脂で肉の面をコーティング（殺菌）する感じで軽く焼き、一晩冷蔵庫で冷してから、翌日に冷燻製を一時間かけて出来上がり。季節を問わず仕込めるので、レストランやワインバーで使うのにオススメする。こういうバリエーションが、レストランのシャルキュトリ盛合わせに幅をもたせてくれる。

豚も枝肉で仕入れることにより、コストも低く済むのと各部位で様々なシャルキュトリを作ることが出来る。スタッフがいるお店では、いい教材にもなる。

アバでは、副産物になってしまう部位や端肉も再加工というか商品にして、原価回収の役割を担ってもらう。パテに不向きな、スネ回りの筋や脂回りの肉を煮込んで一晩冷して、翌日浮いた脂を取り除き脂抜きする（脂はコンフィ用に使用する）。

この煮込みは、ミートソースやカレー（ポーク・ビンダルー）に加工し、真空パックして冷凍食品として販売する。こうした工夫も大切でフードロスと経営を助けてくれる。何でも賄いにするのではなく、こうした工夫は、経営者としても、スタッフの教育としても役に立つと思う。賄いは、賄い用で食材を仕入れてあげたほうがスタッフの気分転換にもなるので、しっかり分けてあげたほうが試作練習にもなる。

鹿の脂などは、融点が高いので食材にはならないが、火入れして純度を上げて瓶詰めして冷蔵保存しておくと、火傷や切り傷に塗る薬代わりにもなる。命をいただいているので、ただ調理するだけでなく、最後まで使い切る術も料理人として大切なことだし役目だと思う。

第3章

シャルキュトリへの傾斜

Abats

シャルキュトリ専門店開店

それから二年近く経った頃から、シャルキュトリ専門店を開業したいと思いはじめ、食肉製品製造業という資格を取る方法を知るために保健所へ赴き、何度も相談した。

本郷の店を改装して開店出来れば良かったが、無添加シャルキュトリというコンセプトで開業したい旨を伝えると、B区保健所にもC区保健所にもその時点で断られた。

知人から現在の店舗の話を聞き、仮図面も作って新宿区の保健所に相談すると、無添加というコンセプトが面白いと担当者が言ってくれて、わからない分野を補足してくれてなんとか立ち上げる準備が出来た。

飲食店舗を製造業の許可基準にするためには、まず部屋を五つに区分けしなければならない(加工室、貯蔵室、包装室、検査室、それと販売する場所)。

居抜き店舗によっては、この部屋分けを充て込められない物件もある。幸い現店舗物件は大きな工事をすることもなく、部屋壁を造ってなんとか区画分けすることが出来た。

検査室というのは商品の検疫の時、自店で商品それぞれ細菌検査をする施設で、見たことのない機材を導入することになった。

幸運なことに、常連客にドクターや検疫の研究者がいたので専門機器の業者を紹介してもらい、必要な検査項目や量などを相談して、導入機材や検査で使う消耗品などを購入した。検査手順のプロトコルも常連客のドクターが作成してくれて、その内容に保健所も納得していただいたのでとても助かった。

食肉製品製造業という資格は、かなり色々なハードルをクリアしないと取得出来ない。実際、許可取得準備にあたっている最中も本当に開業出来るか不安だったし、HACCPもこの後導入するということで、規格も前倒ししてHACCPに合わせた立上げ準備計画で保健所に提出した。

また、商品検疫も薬学免許保持者を雇う必要があり、薬剤師さんの派遣会社に求人募集をかけて今の薬剤師さんに来てもらった。

そういうすべてのパーツが揃って初めて保健所の許可が下りるので、レストラン立上げの数倍と言っていい程細かい作業があった（他区保健所で「まず無理」と言われ続けた意味もわかる気がする程、現実的じゃない）。

同時進行で着工も進めていたので物件引渡し同時に、保健所立会いと消防点検などを済ませ念願の食肉製品製造業という資格を取得出来た。

販売業ということで、エアレジやクレジット決済などの苦手な機械も導入して物件引渡しから約一〇日でオープンした。本郷の店も告知なしで閉店したので、現店舗も告知なしでオープンした。

新型コロナの影響もあり、デリカテッセンのようなテイクアウトの需要は伸びていたため、消費者も食べ慣れないシャルキュトリに抵抗はあまりなく、年齢層問わず買いに来てくれた。

パテ、テリーヌなどのシャルキュトリはデパ地下で買う高級品というイメージもあったので、店の趣旨としては晩御飯の中の一品、酒のつまみ、ホームパーティの一品やお土産など、取っつきやすいものにしたかった。価格もリエット五〇〇円〜、パテ七〇〇円〜、テリーヌ九五〇円〜という設定にした。

無添加ということもあり、保健所と相談して提供から賞味期限冷蔵保存一週間という設定にし、そして開封後食切りと伝え販売することにした。毎年、保健所主催で行われているかなり細かい種類の細菌検査も、測定出来ない程の菌数で優秀と誉められた。

販路を増やすため通販サイトのｂａｓｅを活用して地方発送をはじめとし、飲食店や物販店への卸もはじめた。通販も卸も三年経った今やっと手応えを感じている。

シャルキュトリへ移行した理由

シャルキュトリ専門店（食肉製品製造業）へ業態変更を考えたのは、国内の専門店と自分のイメージしていた専門店とが違っていたからだ。レストランではせいぜいパテやテリーヌを一〜二種作る程度で、ほかはシャルキュトリ専門店から仕入れて使うのが一般的である。仕込む手間や時間がないのが、その理由だ。

専門店側としては、店舗販売のほかに飲食店向けへの卸が売上の何割かを担っているが、アバでは立上げ当初から卸を念頭に置いて来たおかげで、バーやカフェ、レストランのほかにパン屋、チーズ屋等の物販としての取引先が増えて来た。通販も年々認知度が上がり、売上もかなり良く助かっている。

無添加のため、賞味期限が早いので品物も効率よく回転するから、店舗のみの場合はロスが出る。しかし、通販と卸があると在庫もちょうど良く、三年経った今では仕込みが追い付かない時もある。

レストラン時代からシャルキュトリ主軸で営業出来たのは、仕込み重視の早い提供という利点があったからだ。製造業に切り替えられたのも一人で切盛り出来、通販のおかげで定休日でも売上が見込め、卸のように大量発送して売上になる営業スタイルがぴったりハマったからだろう。そしてなによりも身体に無理なく仕事が出来ることがうれしい。

レストランは拘束時間が長いので身体がキツかったし、疲労とストレスで両眼に水が溜まって、今では両眼とも網膜が剝がれてしまい、右眼は「中心性漿液性脈絡網膜症」という治らない症状になったため、片眼で見るとウルトラマンのオープニングみたいにグニャっと見える。

製造業なのにほかに製造スタッフを入れない理由は、レストランと違い、不手際があった時、その場で修正出来ないからだ。一人だと自分のみの製造作業で行えるから、今後も製造スタッフを入れる気はない。

また、デリカテッセンでは目の前で食べないため、お客さんがどういうシチュエーションで食べてもいいように考え提供しなければならないので、レストランとは違う難しさと責任がある。

食品添加物が入っている場合、パテをカットして簡単なフィルムで包んで提供しているお店もある。三日経っても変色しない。しかし、肉の種類が変わっても似たような味になってしまう。このように食品添加物の食品は、様々なメリットとデメリットがある。

アバではすべて真空袋で真空パックしている。未開封では変色もないし、香りも飛ばないが、開封後時間が経つと変色し、香りも飛ぶ。真空にすることで、若干素材の水分が回るが、未開封では状態も良く、こちらの目の届かない状態でも問題がないが、当然、賞味期限も違う。

添加、無添加でそれぞれ利点が違うので、独立開業する方は諸々よく考えて決めていただきたい。

アバのシャルキュトリについて

アバではすべて自分一人で製造している。無添加で。

商品の種類によっては少し熟成させているのもあるし、一週間で売り切るのもある。シャルキュトリ専門店での修業経験はないが、好きが高じて世界中の加工肉や保存食を食べまくって来た。

開業時、保健所と相談して一〜二種類程度だけ食品添加物を入れるかどうかも話し合ったが、添加物を入れると検疫の種類項目も増えて、自店での検疫が出来ず外部委託になってしまうのと、添加物を使ったこともなかったし、何より味が嫌だった。

シャルキュトリ専門店から見れば、アバのシャルキュトリは我流だし笑われるかもしれないが、アバの料理は「形のあってないもの」なのでそれでいいと思う。

「食卓の一品」のスタンスなので、高級食材は使わず、クラシックなシャルキュトリにはない食材もどんどん取り入れて食品の形にしていった。

手羽先とピーナッツのパテ、豚舌のルキュルス風リエットなど。

仔羊は脂の融点の違いもあるので、冷製シャルキュトリには向かないが、脂を完全に除去し、仔羊とカシューナッツのパテに商品化出来た。仔牛レバーだと高価なので、豚レバーに相性のよいプラムを合わせたカイエットのパテも半年前からメニューに加えた。ヨーロッパの鶏インフルと豚コレラの影響で、この二年ほどホロホロチョウも入荷がなく、商品のラインナップに苦労はしているが日常的な素材をやりくりして品数を増やしている。また、コンフィ製造時に出るジュレも溜め合わせて保存している。この味の強いブイヨンで作るシャルキュトリもいくつかある。豚スネのハム、手羽先とピーナッツのパテ、豚舌のルキュルス風リエットなども下茹での段階で使用する。地鶏のテリーヌの手羽先や、砂肝の筋もこのブイヨンで煮たりする万能な役者だ。テット・ド・フロマージュのコク出しにはこのブイヨンを少し入れると、アスピックのような深みが出る。

色々な商品を増やすにはこうしたアイデアも必要になって来るし、原価を抑えることも出来る。スパイスでそれぞれニュアンスを変えることで商品にメリハリを出すことが出来、オリジナリティにもなる。

また、アバのシャルキュトリの隠し味的な役割の一つに、自分でブレンドしているスパイスがある。

メース、クローブ、カユマニス、アニス、コリアンダー

これらをパウダーにしていい感じに配合して、シャルキュトリに加えている。ほかにも

フェネグリークやアルムチュール、マスタードシードもよく使う。

素材の組合わせは、相性ももちろんだが、ショーケースのメニューのラインナップに肉と組み合わせるナッツ類や無花果などのドライフルーツなども、客の購買意欲をそそる一つになるので、メニュー作りには欠かせない要素となる。

野禽類

本郷のレストラン時代では一般的な鹿、猪だけではなく、たくさんの野鳥を扱かっていた。取引先の川島食品さんも当時、猟師さんのルートを色々もっておりホシハジロ、ハシビロ、ヒヨドリなどかなりの野鳥をアバに回してくれたので年末の一カ月ちょっとで一〇〇羽以上使っていた。

ＨＡＣＣＰもはじまり、野鳥の腸付での納品が不可になったため、処理場ですべて腸を外しての納品になり、収量の少ない野鳥は飲食店への納めがほとんどなくなった。

使い手側は腸付で火入れしたいという希望があり、納め側はＨＡＣＣＰ規定で保健所を通しての出荷になるので、改定当初は双方それなりに議論になったが、今ではフェードアウトして野鳥の出回りは、あまり見られなくなったのが現状である。

鹿や猪の駆除から加工肉処理場への流れも近年少し進んで来たので、今後認知度も含めて抵抗感なく食卓に並ぶことを期待するとともに、アバでも手に取りやすい価格帯で提供していきたい。

近年ブランド肉が当たり前になって来ている中で、真面目に取り組んでいる少量生産の畜産業の方たちとも今後さらに提携していきたいと考えている。

鳥類のテリーヌ

アバは我流なので、諸先輩方から見ると少し違う作業工程の部分もあることを前置きさせてもらう。

一羽すべて使い切るのが基本だと思っているので、他店でブイヨン行きになってしまう手羽や首など焼鳥屋さんで使うような細かい部位肉もすべて使う。

骨まわりの端肉は当然きれいに掃除して使用するが、手羽や端皮、エンガワなどはコンフィで出るジュレで火入れして身をほぐす。この部位がコラーゲンたっぷりなので、テリーヌのレバーなどと接着する役割になる。ほぐした手羽肉はセージやエシャロット、スパイスなどと一緒にミキサーにかけるとミンチ状になる。これをレバーなどの間に敷いて使用する。

鶏の身体を覆っている皮も、傷付けずに丁寧に一枚皮に剝がす。この皮でテリーヌの外側の役割になる。

型に皮↓モモ肉↓手羽ミンチ↓レバー、セセリなどの端肉↓スネ肉ミンチ↓ササミ↓手羽ミンチ↓レバー↓スネ肉ミンチ↓モモ肉↓そして皮を下から包む。こういう工程で組み上げる。

胸肉はパサつきやすいし、ササミがあるからテリーヌには十分なので、他品に替えて売上にする。アバのように単価の低い店では、こういう一品が経営に余裕をもたせるアイテムになっている。

レストランでのシャルキュトリ

ビストロをやる上で、シャルキュトリという位置付けは、この一〇年程でだいぶ変わって来たと思う。一時の熟成肉ブームやジビエなども定着して来たし、当たり前のようにメニューにシャルキュトリが記載されているのを最近感じる。近頃は料理人の減少もあるので、仕込みありきで提供の速いシャルキュトリは、必然的に今風なのかもしれない。

メニューにシャルキュトリ盛合わせと堂々と書きたいが、作る側からするとクオリティはもちろん、種類やストックを構えておく必要があるため「盛合わせ」は少しハードルが高く思われる。

昼間の数時間でそれぞれシャルキュトリを仕込んでいくには当然段取りも必要だが、それぞれのバリエーション各一種類ずつを、安定した味で構えていくことが第一歩だと思う。

わかり切っていることだと思うがパテ、テリーヌ、リエット、ソシソン、ハム。これだ

様々なタイプのシャルキュトリ

けで五種類ある。これに砂肝コンフィやレバームース、彩りの役割も兼ねたジャンボン・ペルシエのようなゼリー寄せの品、これで八種類。

十分盛合わせと呼べる皿になる。

いきなりたくさん仕込もうと意気込まず、基本的なシャルキュトリを各一品ずつ用意するだけで形になるので、そこから徐々に増やしていくといいと思う。

また、無添加で製造する場合は、真空包装機を使うことをオススメする。パテやテリーヌは表面が酸化して変色してしまうからだ。ラップだけでは変色するので、営業中は、その都度真空にしたほうが見た目が良い。

アバでは各種シャルキュトリを仕込んでから、ジュレなどの水分をペーパーで拭き取って九九%で真空包装し冷蔵庫で寝かせる。使用しはじめてからは三〇%で真空。冷蔵庫の温度設定は一℃くらい。

ジャンボン・ペルシエなど水分の多いものは、別冷蔵庫もしくは冷蔵庫の下段などの位置に保管する。

上記でパテ、テリーヌ、リエットだと水分量にもよるが、約一〜二カ月熟成保存可能で作り手の好みにもよるが、二週間程寝かせた頃、味が渾然一体となって美味しいし、香りが違う。

状態の変化を確認するには、当然経験が必要になって来るので試行錯誤しながら自分のベストな状態でお客様に提供していただきたい。特にテリーヌの水分量には十分注意する必要がある。

寝かせてから使うタイプなのか？
早めに使い切るタイプなのか？

組合せのナッツ類やドライフルーツによっても水分量が変わってくる。特にドライフルーツは自家製、既製品でもそれぞれ水分量が異なる。

カットして使うのか？
丸のまま使うのか？

無花果やプラムの丸のまま組み込む場合、見た目は綺麗だが水分量の分散が少ないため、熟成させると蒸れる可能性があるので注意が必要だ。
ナッツも販売会社にもよるが、生に近い歯触りのナッツの場合もあるので、事前にオーブンでローストするなど好みで調整が必要である。
いずれにしても、お客様の身体に入っていく食品を作る者として、完成度の高い安全な品を出さなければならない。

ソシソン（丸型パテ）について

パウンド型で仕上げるパテと人工ケーシングに詰めて茹でる丸型パテがあり、アバではその形状のおかげでパテにバリエーションをもたせている。

ソシソンには加熱したパテのソシソンもあれば、セミドライのサラミのソシソンもある。アバでは、前者の加熱した丸型パテとしてレストラン時代から提供している。

人工ケーシングのサイズが大きいため、加熱方法が「茹で」になる。サイズが細いとコンフィのように鴨脂で火入れする場合もある。注意する点は、水分が外に出ないようにつなぎのレバーなどを入れすぎた場合や加熱しすぎた場合、離水するのでケーシング内がタプタプになってしまい、冷やした後、接着してないことがある点である。

ファルスの生地バランスは試行錯誤して自分のベストになる仕上がりを目指してほしい。アバでは「砂肝のソシソン」「鴨とアーモンドのソシソン」が定番だが、レバーの量と鶏挽き肉の量が決まるまでそれなりに失敗した。砂肝もコンフィ以外で何か品物になればと思い考えた品だ。

砂肝は筋部と肉部に分けて、筋部はコンフィのジュレで火入れする。火入れすることでミンチしやすくなる。こういった作業を加えることで、捨ててしまうような部位をすべて使い切り、食感のアクセントになる。

そして、ロスが減って歩留まりが高くなる。

人工ケーシングのソシソンを茹でる時は、水から弱火でゆっくり火を入れていく。ケーシングのサイズにもよるがファルス（生地）も冷たいので芯温が八〇℃になるように加熱する。アバのソシソンは主に直径一二㎝だと、たっぷりの水で約一時間半かけて芯温八〇℃まで上げる。

そうすることで、取り出した時にケーシングに張りが出る。この時のケーシング内に見える水分量も火入れの目安だが、数をこなして覚えてほしい。

茹で上げたら風通しの良い涼しい所に三〇分程吊るして冷ます。この時に人工ケーシングの外側がシワシワになって、中にあった水分がパテに馴染む。その後、一晩冷蔵庫に入れて冷ます。冷蔵庫に入れる時は、割れやすいのでやさしく扱うことが肝要だ。

ファルスの水分量の割合さえ気を付ければ、いろんなバリエーションのソシソンが出来るのでオススメしたい。

ジュレ

コンフィを仕込んだ後、脂を冷やすとジュレと脂に分かれる。塩分の強い茶褐色の液体でゼラチン質も高い。そのままだとしょっぱいし、とてもソースには使えないが、シャル

豚舌ルキュルス（上）、手羽先とピーナッツのパテ（下）、豚スネ肉のハム（右）

キュトリをやる上でこのジュレは大切な脇役だ。他店での呼び名は色々ある（ジュ・ド・コションなど）。ここでは統一してジュレと呼ばせてもらう。

ある意味で、このジュレは鰻屋のタレのように開業から使い続けているが、用途は様々で並べたらキリがない。

シャルキュトリ作業の中では、手羽先、砂肝筋、鴨皮、豚舌、豚足などの火入れに使用する。塩分と旨味が強いので下味がしっかり付いて、水で茹でるより保存性も高まる。このジュレで茹でてから次の作業工程に移る。

鴨皮も余計な脂が抜けて味も付き、ミンチも可能になってパテに深みが出る。当然ロスもなくなる。

ジャンボン・ペルシエにもジュレを加えて仕上げている。色は多少付いてしまうが加えたほうが断然ウマイ！　コラーゲンも多く、このゼラチン質で固まってくれるので、より素直な味になる。

シャルキュトリ以外の使い道としては、味のあまりないトリッパなどの煮込みソースに加えるだけで深味が出る。このジュレを水とビネガーで伸ばして、色々な夏野菜を混ぜてゼリー寄せみたいにも出来るし、万能ジュレなのでぜひ活用してほしい。

アバでは常備品として、冷蔵庫に少なくても一五Lは保管している。

著者紹介

上霜 考二（うえしも・こうじ）／パティシエ

1994年9月辻調グループ・フランス校卒業後、ノルマンディーのパティスリーで修業を重ねる。1995年帰国。インターコンチネンタル東京ベイ、オテル・ドゥ・ミクニ等を経て、2005年パティスリー・ジャン・ミエ・ジャポンのシェフパティシエに就任。2008年アグネスホテル東京のパティスリー『ル・コワンヴェール』の開店と同時にシェフパティシエとして迎えられ、2015年6月までシェフパティシエを務める。2011年公開の映画『洋菓子店コアンドル』では製菓監修を務めた。

本書の内容

フランス修業時代の苦くも楽しかった思い出、ケーキ作りへの想い、パティシエのあるべき姿を求めて考えることなど職人の真摯な気持ちが伝わってくる1冊。帰国後の就職先の店での葛藤や失望のなか、将来への想いを巡らせたエピソードを交え、『アヴランシュ・ゲネー』開店までを自伝的に振り返る。そして、スタッフに恵まれている現状に感謝しつつ、今後のパースペクティブについて熱く語ってもらった。また、師匠であるゲネー一家との交流に、思わず心が温まる。第2章には、垂涎ものの美しい作品のカラー写真を特集。また、巻末には、ケーキ作りをする人にはたまらないレシピ集を収録。文京区本郷の地で奏でる上霜シェフの詩学をご賞味あれ！

店舗ご案内

〒113-0033　東京都文京区本郷4丁目17-6 1F　Tel.03.6883.6619
東京メトロ春日駅A2出口徒歩1分　後楽園駅より徒歩3分
水道橋駅より徒歩10分
営業時間：11:00 ～ 18:00　定休日：月、火

PÂTISSERIE
AVRANCHES GUESNAY

思い入れのあるシャルキュトリ

レストラン時代から作り続けているシャルキュトリは、今でも数種類残っているし、少しだけ変化させていったものもいくつかある。無添加というシンプルなアプローチだけに素材の組合せは重要であり、他店の作るシャルキュトリとの違いを出せる部分でもある。

レストラン立上げから約五年間しか使えなかった、「野草の蜂蜜」というものがあった。使用していたのは豚バラ肉のリエットだ。スパイス好きの筆者が一切スパイスを入れず、この蜂蜜を少量、リエットの仕上げに加えるだけのシャルキュトリ。このリエットのファンは今でもこの時の話をしたりするほど、控え目だが印象的なシャルキュトリだった。

残念ながらこの蜂蜜農家さんが引退してしまってから、この組合せはしていない（現在はクローブの組合せ）。

単品ではないが、試行錯誤した食材は思い入れが強いかもしれない。

トサカ、砂肝、豚舌、手羽先

どれも安価な素材でパテやテリーヌに使用されづらい食材たちだ。

トサカと地鶏、青胡椒のテリーヌ

砂肝のソシソン
豚バラ肉のルキュルス風リエット
手羽先とピーナッツのパテ

クラシックなシャルキュトリ職人が見たら怒りそうな料理名かもしれないが、安価な素材で手に取りやすいシャルキュトリにして食卓の一品になってもらいたかったので、色々考えた末にこういう形になって、今も提供している。

豚コレラや鶏インフルエンザなども流行している今だからこそ、こういう食材も使用してシャルキュトリを変貌させていく必要があると思う。

第4章 展望

☆ Abats

シャルキュトリの需要

飲食店や物販店への卸で店売上の三割を担えればと思っている。卸注文数が多いところは、卸値価格で取引させていただいているが、ワインバーなどのお店はテリーヌ一〇枚を毎週買っていただいている。

ヨーロッパでは簡単なパテやコンフィ以外はレストランでシャルキュトリは作らず、シャルキュトリ屋さんへ外注して提供しているので、日本でもそのスタンスが認知されれば需要は増えると思っている。ワインバーからの需要が特に多く、卸としてこの三年間でかなり注文も増えて来ている。物販店の卸注文は、一度の注文でテリーヌ一二〇枚など、当初の予想より多い注文を受注出来るようになって来た。

アバの品物は賞味期限が短いことをよく理解してくれていて、毎度、使切り分だけ買っていただいているので本当にありがたい。スタッフを雇って製造効率を上げて販路拡大はしないのかとよく質問されるが、レストランと違ってもち帰って食べるだけに、出来る限り出荷時まで自分で確認したいと考えているので、今後も製造スタッフは雇わないだろう。とりあえず、自分で出来る範囲でやると決めている。

正直言って、レストランで働いている時より身体的に余裕もあるし、脛椎症再発も怖いのでこれくらいの忙しさでちょうどいい。ただ、今の店舗は床が石なので、とにかく冷える。膝も痛めるし、冬場は腎臓壊しそうなくらい体感が寒いので、毎冬対策が必要だと最近感じている。

やってみたいこと

レストラン、食肉製品製造業を経験していく中で、今後いくつか挑戦してみたいことが出て来た。

その一つとして、地元北海道松前町の小中学校の跡地を開墾、再利用したいと数年前から模索しているが、やりたかったホロホロチョウなども、近年増え続けている鳥インフルエンザのことを考えるとリスクが高く、ほかのプランも考えなければならないとずっと答えを出せずにいる。

考えはじめた当初は、鳥インフルもさほど話題にならない程度で、豚コレラなども同じだったが、近年やたらと増えて市場価格も含め我々使う側も入荷がなくなって困っている。

レストラン時代から出している「ホロホロチョウと無花果のテリーヌ」などは二年程作

れていないのが現状だ。

学校跡地での飼育生産を考えていたのは、ホロホロチョウのほかに、山羊である。筆者は、山羊が食べられないが、山羊のミルクは四つ足動物で唯一非加熱で飲めるミルクで、アトピー改善に効果的なのと、デリケートな飼育方法は必要ないので、生産するには現実的な家畜である。

いずれにしてもこの計画を実行するには、金銭的な問題のほかにも自治体や行政、保健所などクリアしなければならない課題がたくさんある。

思い付きが素人すぎて恥ずかしいが、思うことはタダなので。

もう一つは、学校給食を経験してみたいと思っている。レストラン以上に難しいと個人的には思う。息子たちでさえ、自分の作る食事の好みが分かれているくらいなので、学校の生徒たち全員に好まれる料理を提供するのには、かなり考えて作らなければならない。

自分以外の料理人も同じことをきっと思うだろう。

自営業を終えて色々な出会いとタイミングがあって、もし出来ることなら六〇歳すぎてからでも学校給食という食育の仕事に携わってみたい。

前述した二つと平行して、もっとも気になるのは、地元松前の海の磯焼け問題の解決だ。日本中で起こっている環境問題だが、ウニが海藻を食い荒らして昆布がなくなり、アワビが減り、魚がいなくなっている。

以前どこかの大学で、畑で捨てる野菜の葉などを海に沈めてウニに食べさせて身の入りを良くするとともに、海藻被害の侵食が減って昆布が増えてきた研究を見て、地元の海でも活用しようと仲間に話しても、舵取りがいない腰の重さがあるため実現には程遠いのを感じた。

今の仕事が軌道に乗って落ち着いたら、地元のために同級生を巻き込んで動きたいと思っている。

第5章 アバ店主からのメッセージ

Abats

食肉製造業の独立開業について①

製造業にはたくさんの種類があって、自分の知っている範囲では食肉と乳製品の製造業の許可取得が難しいと認識している。これから食肉製品製造業の資格取得を目指している方にクリアしなければならない条件をざっくり書いてみる。

各作業の部屋分けの設置と、それらの部屋に冷蔵庫とシンク
包装室には真空包装機の設置
加工室にはレストラン同様、調理の必要機材と真空包装機などの導入
販売するスペースには、冷蔵ショーケースやレジの機器など

そして検疫する検査室には、必須検査箇種に沿った検査キットや機器が必要となる。これらの機器には粉砕機や培養機、検査用の冷蔵庫はもちろん、ペプトン液など聞き慣れな

い薬品や購入ロットの多いスポイトなどの消耗品もかなり必要になってくる。これがまた高い。これらの購入履歴も保健所の審査基準になるし、現物確認で説得力にもなる。

微生物の検疫は自分がするのではなく、薬剤師免許の取得者が行う。だから、薬剤師免許取得者を雇わなければならない。当然給与もそれなりの額をお渡しすることになる。薬剤師免許取得者を雇う場合、履歴書や薬剤師免許の提出も必須であり、勤務シフトも提出しなければならない。それほど製造業の許可のハードルは高い。

検疫するにあたり、各箘種による検疫方法も違ったりするので、それによるプロトコルも必要になってくる。このプロトコルが許可取得に大分重要になって来る。当然、素人では作成出来ない。ここでもその費用が必要になって来る。

食肉製品でも加熱食肉製品一つ取ってみても「加熱後包装」「包装後加熱」など色々あって、それによって必須検疫検査項目数も変わってくるし、自社検疫が出来なければ外部委託になるので、提供まで時間を要することになる。当然、費用も別途必要になって来る。

生ハムなどの非加熱食肉製品は、外部委託での検疫になるほど必須検疫の箘種が多い。HACCPの導入も含めて衛生法の理解も必要となるが、何より上記の条件をすべてクリアにしてから、保健所審査がやっとスタートする。以上のように、なかなかレストラン立上げとは違う難しさがあるので、保健所も安易に立上げをオススメして来ない程、条件クリアは難しいということだけはお伝えしておきたい。

アバも現店舗を立ち上げた時、かなりの数の問合せが来たが「難しいと思いますよ〜」としか言わないようにしていた。

以前、生ハム、サラミ専門店の方と少し話した時、添加物を使用している場合とアバのように無添加の場合とでは、保健所の評価目線が若干違うような気がした。それは自店舗で検疫するか？　外部委託で検疫するか？　というシンプルな問題で、だからこそ無添加で自店舗での検疫作業、記録は重要であり、信頼性のあるものにしなければならない。

アンクルートを提供したいのであれば、当然、真空パックは出来ない。でもフィルムで挟むだけでの提供は変色、劣化する。アバではパテ・アンクルートは出さないと決めたのもその理由だ。

食肉製造業の独立開業について②

すべての商品がショーケース内にある必要はなく、既製品のサルシッチャなどの冷凍食品なども ストックしておくと品揃えにバリエーションも増える。もし自店でサルシッチャなどの生ソーセージを製造販売する場合は、別免許と設備が必要となるので間違えないようにしたい。

酒販免許も申請して販路を広げるのも良いかもしれない。ワインなどに詳しくなくても、最近のワインショップではお店立上げのメニュー作りなどコンサル的なサービスもやっているので、そういうサービスを利用するのもオススメだ（Anchevino など）。

アバのように駅や商店街から離れている店舗では、シャルキュトリ以外の物販は、わざわざ他店を経由しなくていいので結構重宝される。

商品の裏面に貼る「食品表記シール」

これも添加、無添加で当然記載事項も変わってくるので、保健所担当と何度も話し合って決めていくしかない（無添加なので記載事項少なめ）。シールにも様々なルールがあるので、開業前にクリアする課題の一つだ。

店頭販売のショーケースに商品を陳列するにあたり、自店でたくさんの種類を仕込む手が回らない場合、「食肉製品販売業」という資格を並行して保健所に申請することをお勧めする。

この資格を有していれば、既製品の商品を同じように販売できる。保健所に申請して、ほかにチーズなども陳列販売する許可を同時に取っておけば、自店の仕込み事情で品数が少ない時でもショーケースの見栄えが悪くならない。

開業を目指していくには、張り切りすぎて息切れするより、無理なく自分のペースを維持していくことが大切なので楽しく仕事を続けてほしい。

製造業に必要な導入機材と消耗品

アバの場合は、「加熱後包装」「加熱食肉製品」「無添加」の条件で保健所に申請、受理されている。製造業の種類やその申請項目で検疫も大きく変わって、自店舗で行う場合と他社に検疫委託する場合などがある。

店舗設計で独立した作業部屋をそれぞれ設けるが、それに伴う機材が飲食店とは大きく違う。アバの場合の必要な検疫項目は、三種類「大腸菌」「黄色ブドウ球菌」「サルモネラ菌」である。これらを自店舗の検査室で薬剤師の資格保持者がプロトコルに添って検疫する。アバではこの作業に薬剤師を雇って、保健所の基準通り検疫作業をおこなってもらっている。

検疫する上で、聞いたことのないような高額な機器をいくつか導入する必要があり、また、その作業に必要な薬品や消耗品もそれなりに高額で、見積りを見た時に価値がわからなかったので、支払い時に少し躊躇するくらいの額だったことを覚えている。

本郷三丁目でレストランをやっていたということもあって、医療機器メーカー勤務のお客さんたちがいたおかげで、その人たちが業者価格で取り揃えてくれた。普通にネットで買うよりかなり安くはなったが、それでもそれなりにいい値段だったのでいくつか紹介する。

培養に使う
インキュベーター　約五万円
オートクレーブ　約三〇万円

買う必要があるのか一番疑問があった
ホモジナイザー　コロコロマッシャー　約七万円

これらがまず最低限必要な機器で、薬品と消耗品だと
ペプトン液　約一〇万円

一番少ないロットの顆粒薬品だが、アバでは一生かかっても使い切れないほど入っている（小分けして売りたいくらいだ）。

サルモネラ菌用の判定シート　約三万円（一度の検疫につき約一〇〇〇円かかる）

使用する備品が結構多くて、菌培養の培地やコロニー数とかに使うシャーレも業務用ロットで購入しなければならないので、初回はそれなりの量を購入する。スポイトも作業

でそれぞれ規格が違うので、特大の段ボールで数種類購入。検疫の備品は、予想していたよりかなりの種類と量がある。その購入履歴も保健所申請には必然と説得力になる。

それなりの大きな店舗物件なら良いが、アバのような超小規模製造業では消耗品の保管でそれなりの場所が圧迫されている。真空包装機もかなり高額なので、導入台数を少なく済ませたいところだが、使いすぎでオーバーヒートさせると営業出来なくなるので、数台は必要になる。アバでは現在四台導入していて、二〇二四年中に五台目導入を検討中している。

真空包装機に関しては人件費をかけるより効率も良く、文句も言わないし無断欠勤もないので、安く感じるくらいのバイプレーヤーだ。真空袋もシャルキュトリに合わせた各サイズを揃えるのと、塊で保管する場合の大きいサイズも数種類用意することが肝要だ。食品表記シールや商品名シール、プリンターなどの事務用品、商品購入後にお渡しする保冷剤も年間二〇ケースほど購入しなければ足りない。これらの備品、消耗品で店舗面積の二割を占めそうだ。

さらに、シャルキュトリ製造で必要な機材や備品など製造業の必要な物は本当に多いので、収納も含め店舗設計は入念に取り組んでいただきたい。

保健所のＨＡＣＣＰ導入の衛生管理も当然大切だが、製造業なのでレストランと違って暖房が使えないため、冬場はしっかり着込んで体調管理には気を遣って作業しないと筆者のように腎臓や膝を故障しやすくなる。長く現役を続けるためには、壊れてからじゃ遅い。三シーズン冬作業終えて、やっと厨房に電気カーペットを一畳敷いた。

第6章

一皿の記憶

Abats

シャルキュトリの顔
パテ・ド・カンパーニュ

パテ・ド・カンパーニュは、シャルキュトリの中でも顔になる存在。

レストラン時代には二カ月熟成させてから提供していたので、小さめの冷蔵庫なら中身すべてパテカンという感じだった。

いつか他店でチャリティービュッフェをした時に、一〇種類ほどパテカンがあったが、アバの常連客たちがアバのパテカンを当ててくれたのがうれしかった。

特徴としては、アバの名脇役になっているブレンドしたスパイスが他店との違いであり、熟成させて渾然一体となった旨みが、自信をもって出せる逸品につながった。

100人100通りのパテ・ド・カンパーニュ

仔羊とカシューナッツのパテ

羊は脂分の融点が高いため冷製のシャルキュトリに加工されにくい。ということで、脂を丁寧に除去してクリアな仕上がりを目指して完成したのが、このパテだ。

色々な食材を使う中でも玄人向けのシャルキュトリだと思う。

他店ではお目にかかれない羊のシャルキュトリ

鴨とアーモンドのソシソン

これは、レストラン時代から人気が高かったシャルキュトリで、形状の違いもそうだが、網脂で仕上げたパテと違って、人工ケーシングで仕上げているため、加熱後の水分がパテに再度吸収されることにより、しっとりと仕上がるのが特徴だ。ジュレで火入れした鴨皮を肉と一緒にミンサーにかけることによって、パサつかず、リッチな仕上がりになっている。

弾力のある食感がたまらない

一番人気
白レバームース　トリュフの香り

これはレバー嫌いの人や子供でも食べられるような感じにしたく、しっかり火を入れて仕上げたものにした。

白トリュフオイルと栗の蜂蜜がアクセントになっており、やみつきになってパンが足りなくなってしまう一品だ（二人ほど食べすぎて、通風になった報告をもらっている）。

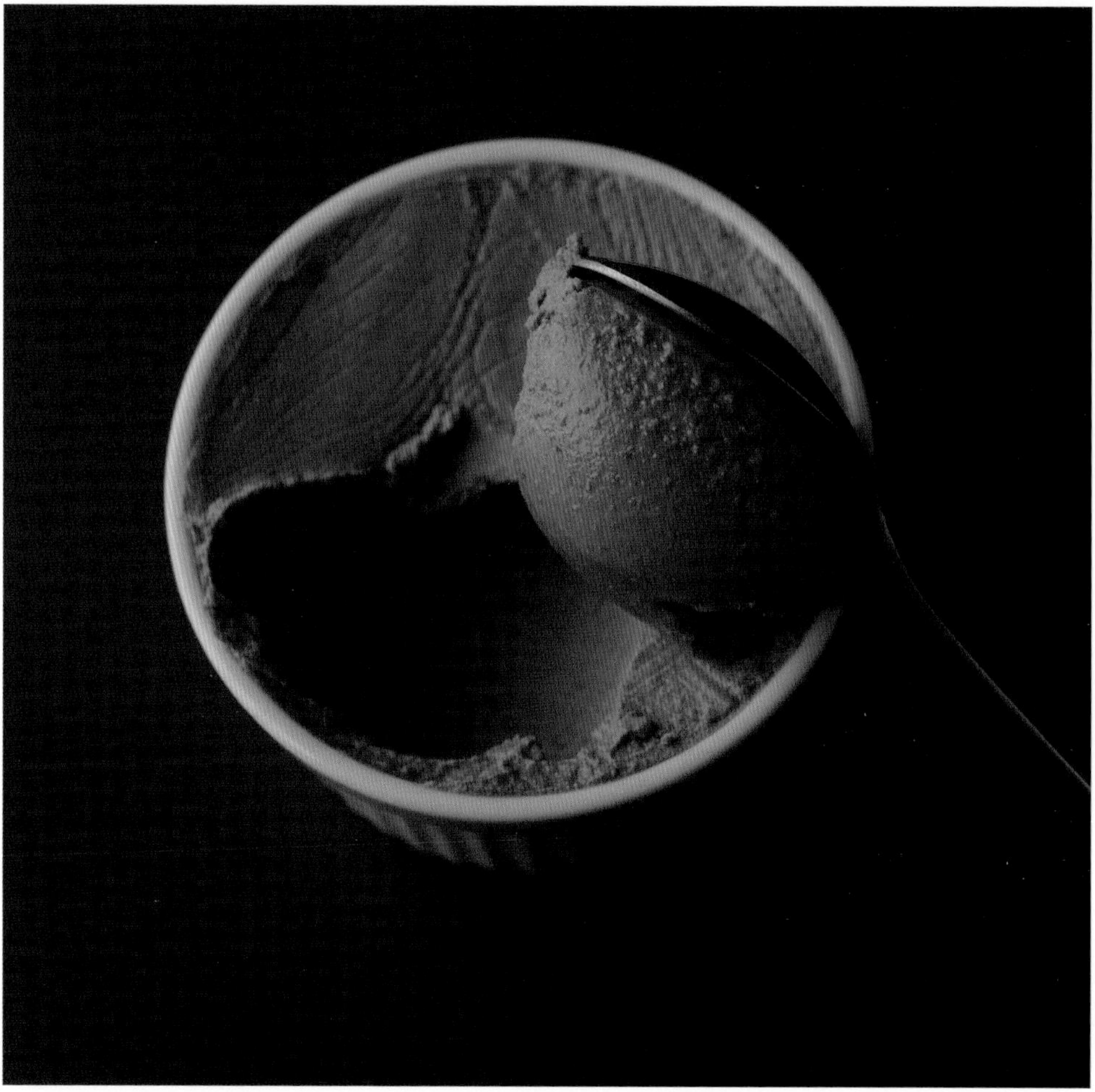

鍋である程度しっかり火を入れることで、色のバランスが保てる

ジャンボン・ペルシエ 高貴なまでに美しい断面

初めて作ったシャルキュトリが、これかもしれない。それくらいずっと作って来たが、製造業に業態変更してから最初に変化を付けたのがジャンボン・ペルシエだった。

コンフィのジュレなどを溜めてストックしてある、ジュ・ド・コションを仕上げに少し加えることで若干色は付くが、旨味が増して今までと違うジャンボン・ペルシエになった。

断面萌え！

シャルキュトリは盛合わせが醍醐味

シャルキュトリ盛合わせは、レストラン時代の代表的な皿で、当時は三〇種類程のレパートリーの中から、一〇〜一二種類ほど盛り込んだ攻撃的な皿だった。偵察に来ていた同業者たちに喧嘩を売るように、自分を鼓舞するように出していたような気がする。ワンオペで、この種類とクオリティを維持出来たのはシャルキュトリの仕込みが好きだったんだと思う。

入店してすぐに食べられるシャルキュトリに、つい笑みがこぼれる

第7章 フォト・ライブラリー

Abats

ヨーロッパを目指して

約60カ国を巡ったときの紙幣。EU統合前で、リラ紙幣もある

各国の安宿や列車、バスの切符

パスポート　1

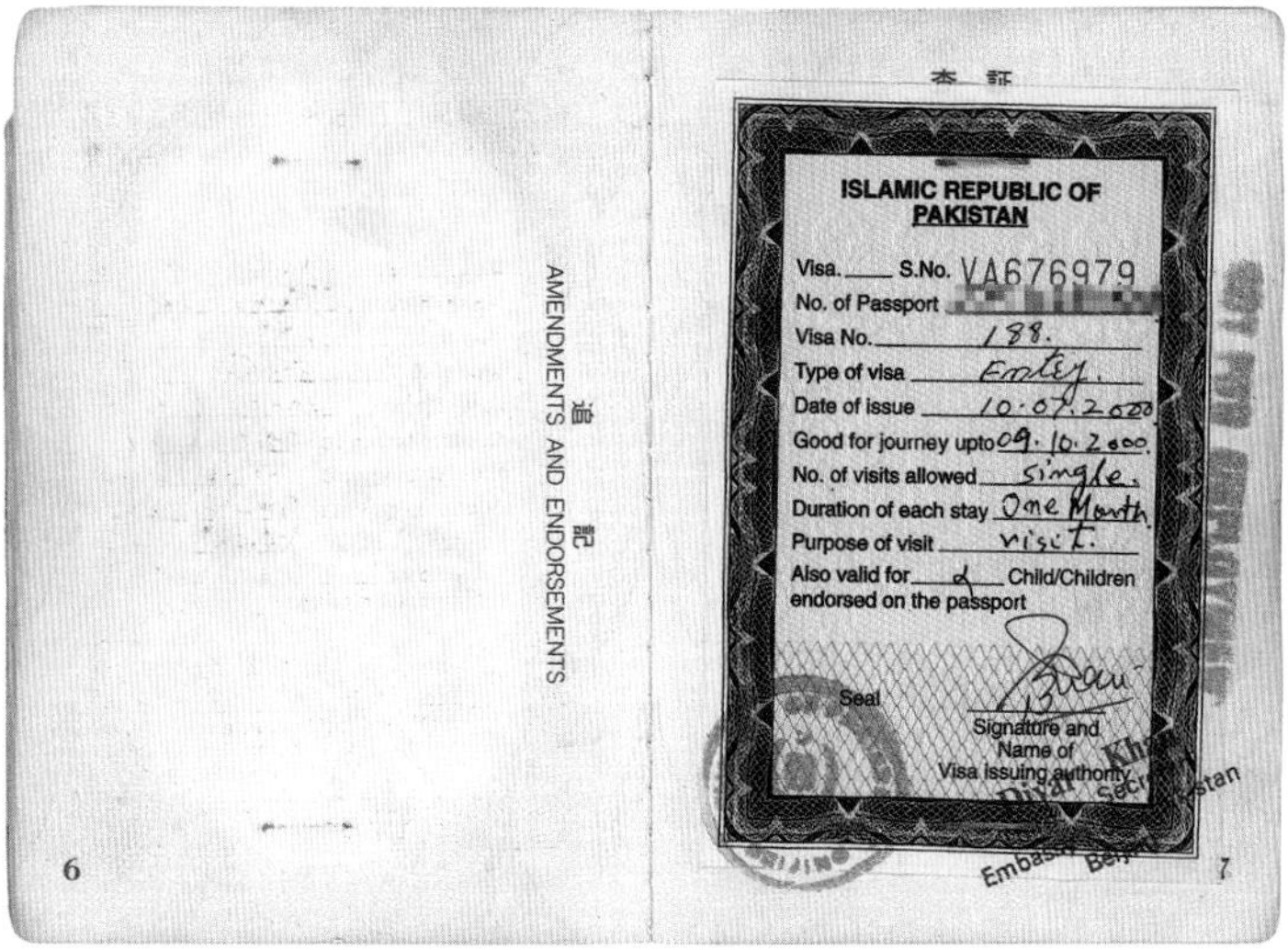
追　記
AMENDMENTS AND ENDORSEMENTS
ISLAMIC REPUBLIC OF PAKISTAN
Visa.____ S.No. VA676979
No. of Passport
Visa No. 188.
Type of visa Entry.
Date of issue 10.07.2000
Good for journey upto 09.10.2000
No. of visits allowed Single.
Duration of each stay One Month
Purpose of visit visit.
Also valid for ____ Child/Children endorsed on the passport
Seal
Signature and Name of Visa issuing authority
6
7

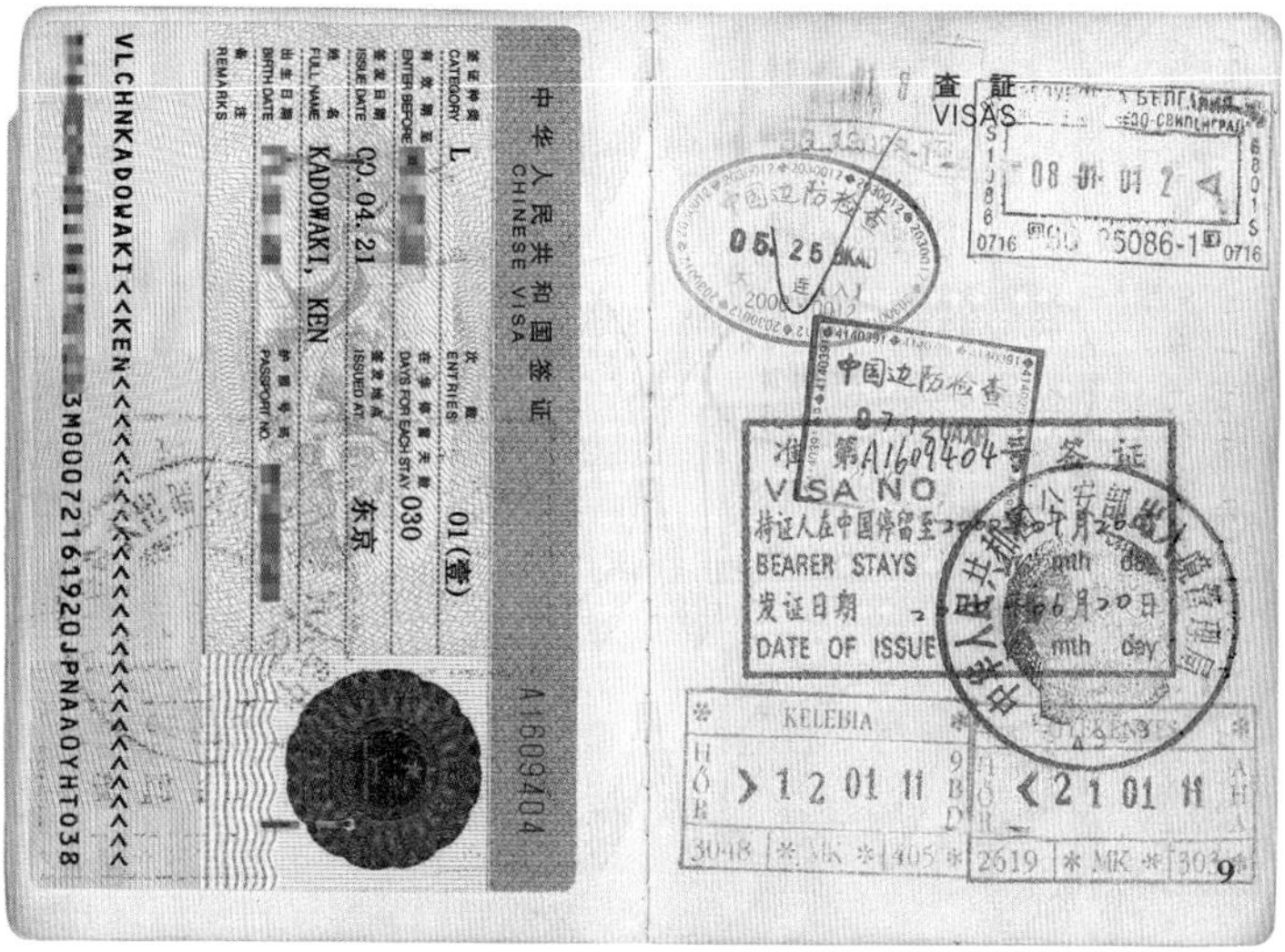
中华人民共和国签证
CHINESE VISA
CATEGORY L
ENTRIES 01(壹)
ISSUE DATE 00.04.21
DAYS FOR EACH STAY 030
ISSUED AT 东京
FULL NAME KADOWAKI, KEN
A1609404
VLCHNKADOWAKI<<KEN<<<<<<<<<<<<<<<<<<<<<<<<
査　証
VISAS
中国边防检查
签证
VISA NO
BEARER STAYS
DATE OF ISSUE
KELEBIA
9

パスポート　2

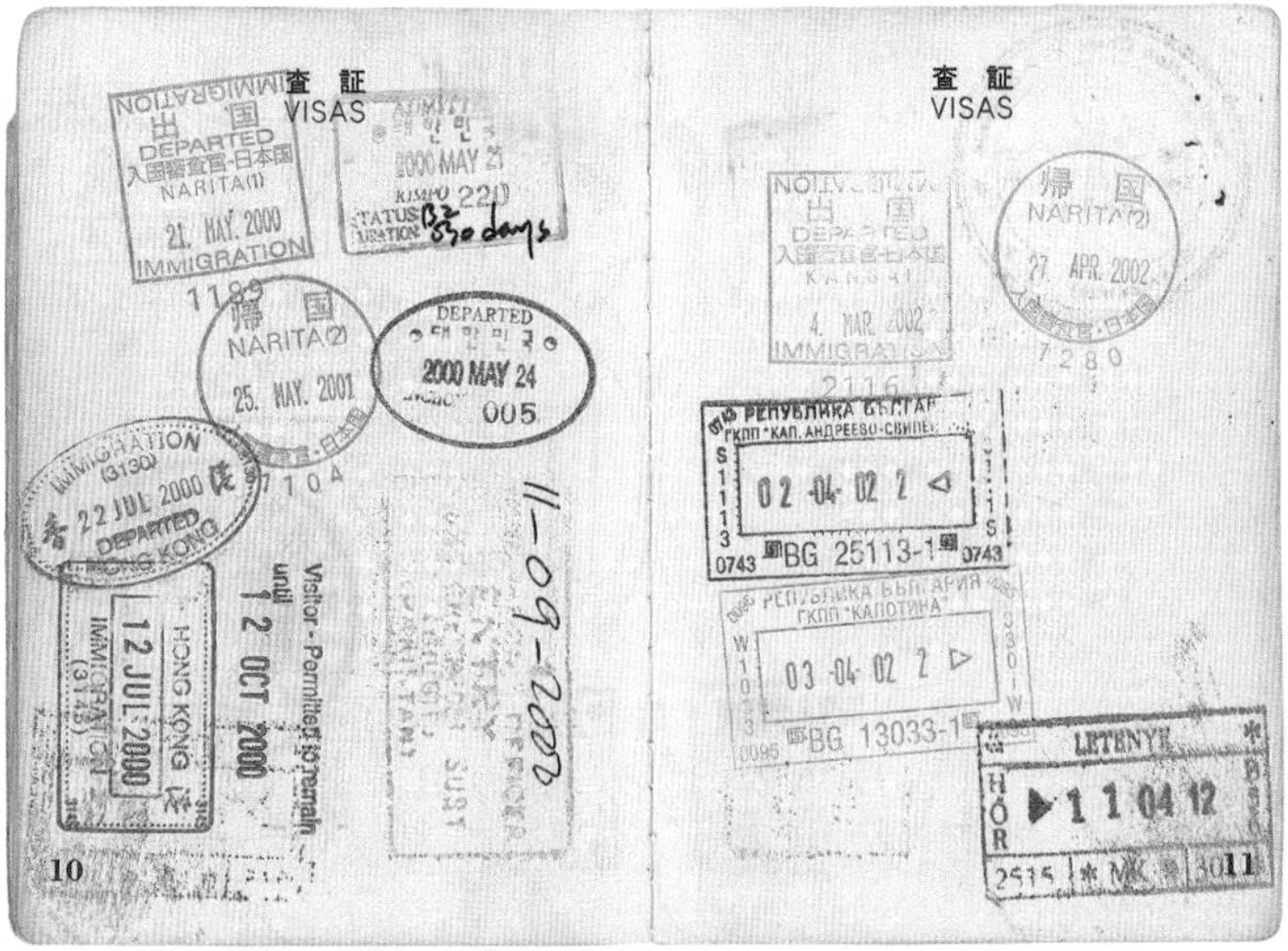

査 証
VISAS
査 証
VISAS
DEPARTED
NARITA(1)
21. MAY. 2000
IMMIGRATION
2000 MAY 24
NARITA(2)
25. MAY. 2001
DEPARTED
HONG KONG
12 JUL 2000
Visitor - Permitted to remain until
12 OCT 2000
NARITA(2)
27. APR. 2002
4. MAR. 2002
IMMIGRATION
LETENYE
10
11

Immigration Check Post
ARRIVAL
査 証
VISAS
ENTRY
VISA
REPUBLIC OF INDIA
A 999617
Surname
Name
Type
Date of Issue
Date of Expiry
No. of Entries
Passport No.
Special Endorsement
No. of Children
12

パスポート　3

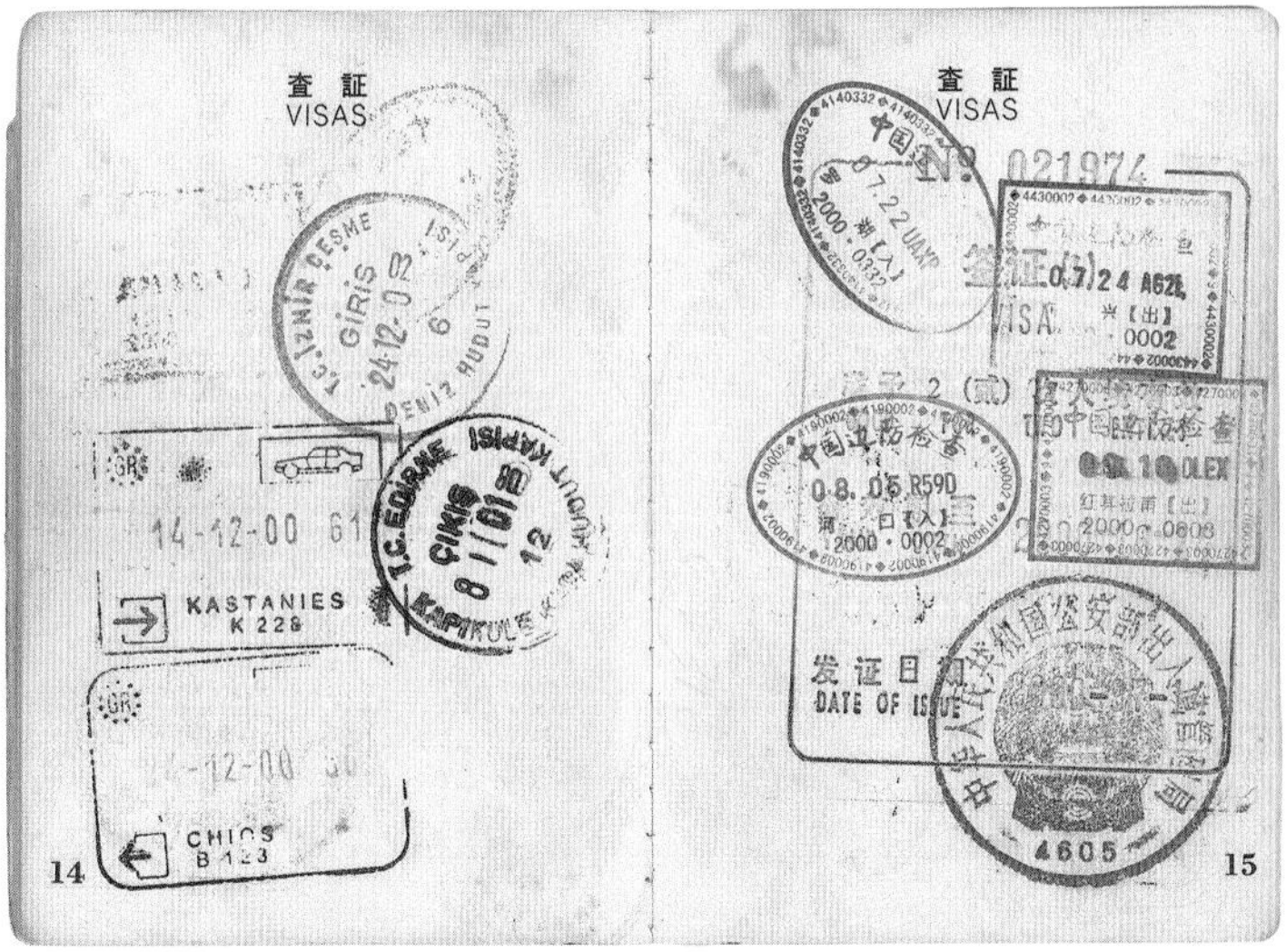
査証
VISAS
KASTANIES
K 228
CHIOS
B 123
14
査証
VISAS
DATE OF ISSUE
4605
15

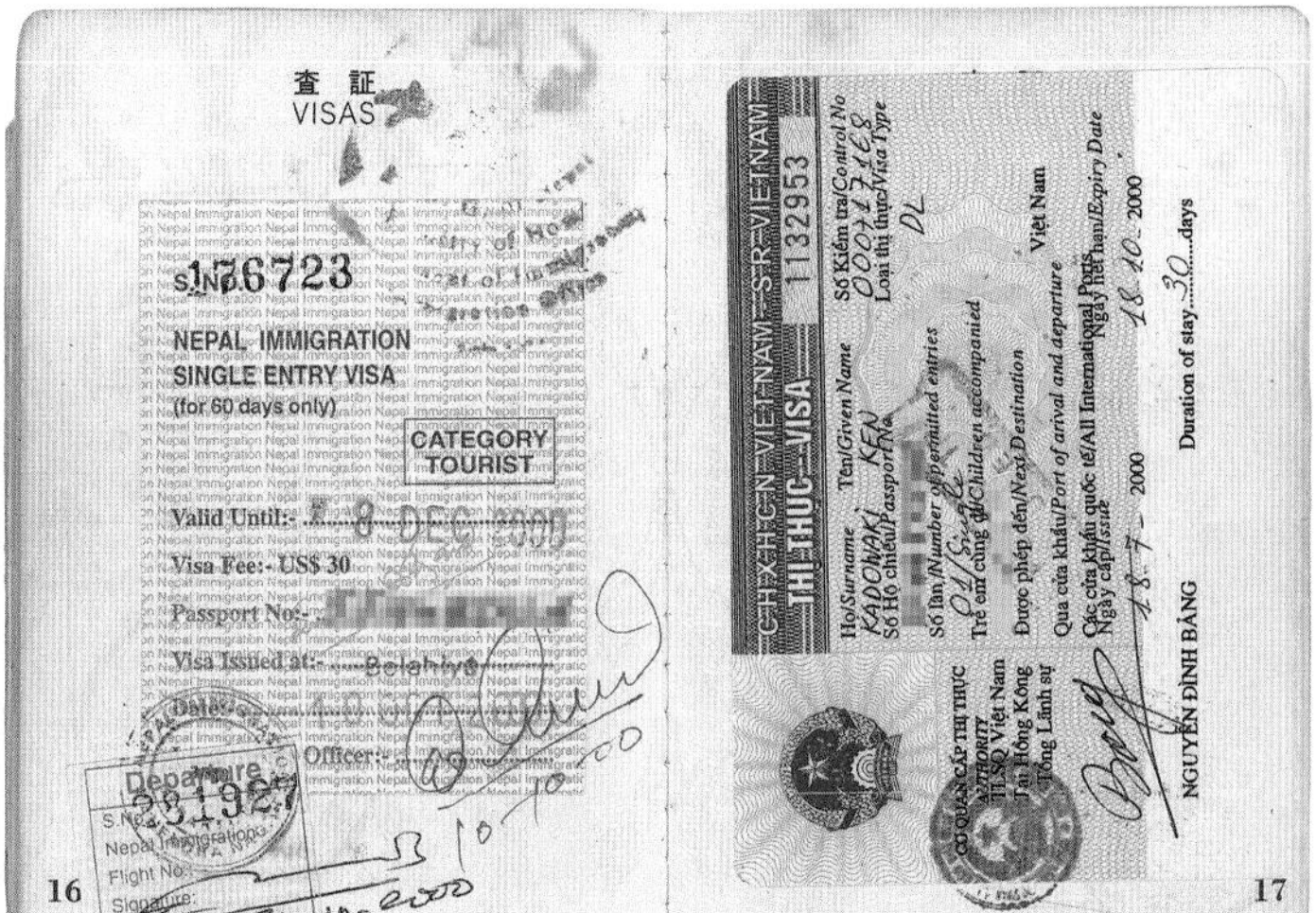
査証
VISAS
NEPAL IMMIGRATION
SINGLE ENTRY VISA
(for 60 days only)
CATEGORY
TOURIST
Valid Until:-
Visa Fee:- US$ 30
Passport No:-
Visa Issued at:-
Date:-
Officer:-
Departure
16
C.H.X.H.C.N. VIỆT NAM - S.R. VIETNAM
THỊ THỰC - VISA
1132953
Duration of stay 30 days
NGUYỄN ĐÌNH BẰNG
17

パスポート　4

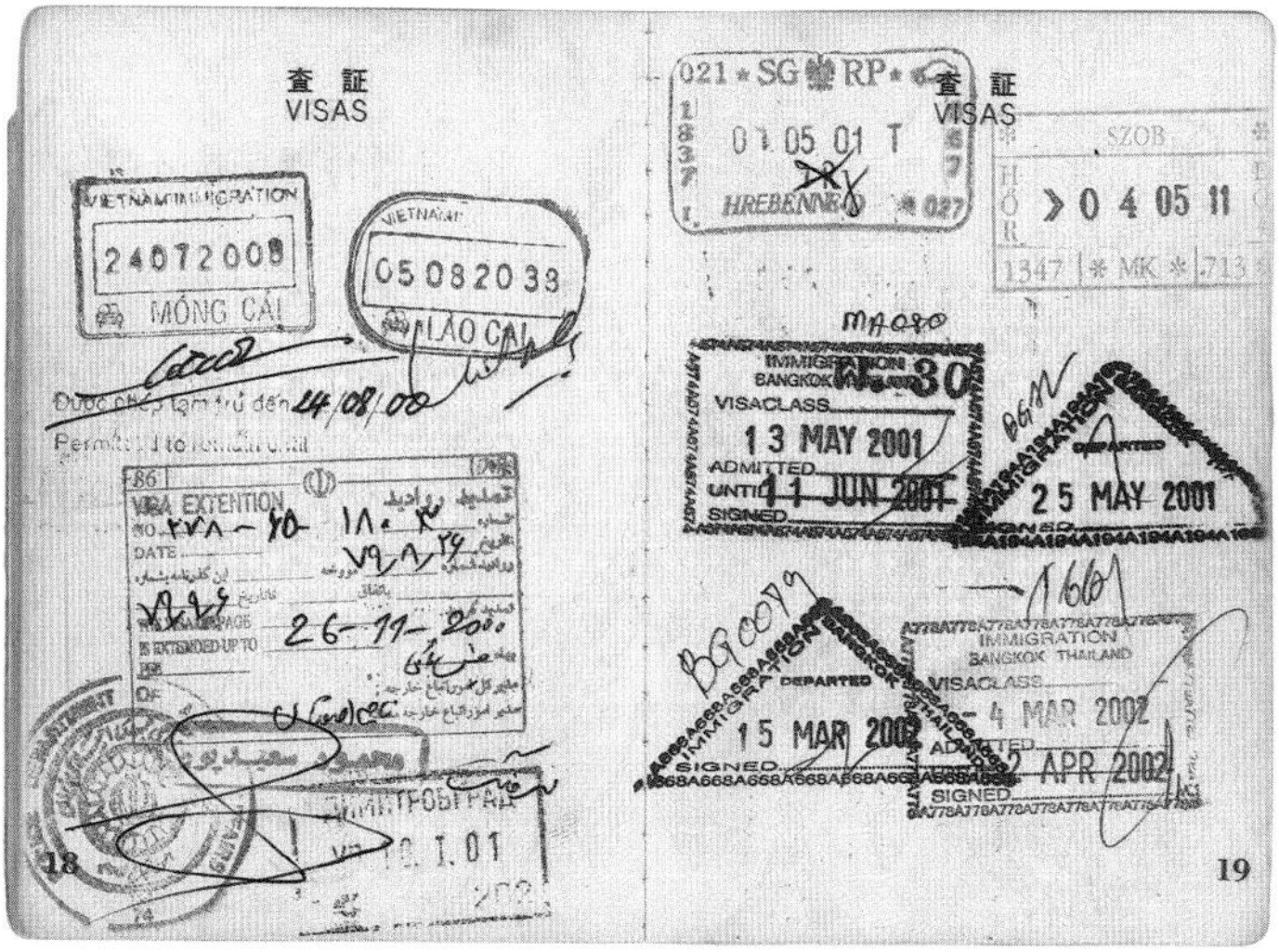
査証
VISAS
VIETNAM IMMIGRATION
24072000
MÓNG CÁI
VIETNAM
05082000
LÀO CAI
Permitted to remain until
VISA EXTENTION
DATE
IS EXTENDED UP TO
26-11-2000
IMMIGRATION
BANGKOK
VISA CLASS
13 MAY 2001
ADMITTED
UNTIL 11 JUN 2001
SIGNED
DEPARTED
25 MAY 2001
HREBENNE
04 05 11
IMMIGRATION
BANGKOK THAILAND
VISA CLASS
15 MAR 2002
4 MAR 2002
ADMITTED
2 APR 2002
SIGNED
18
19

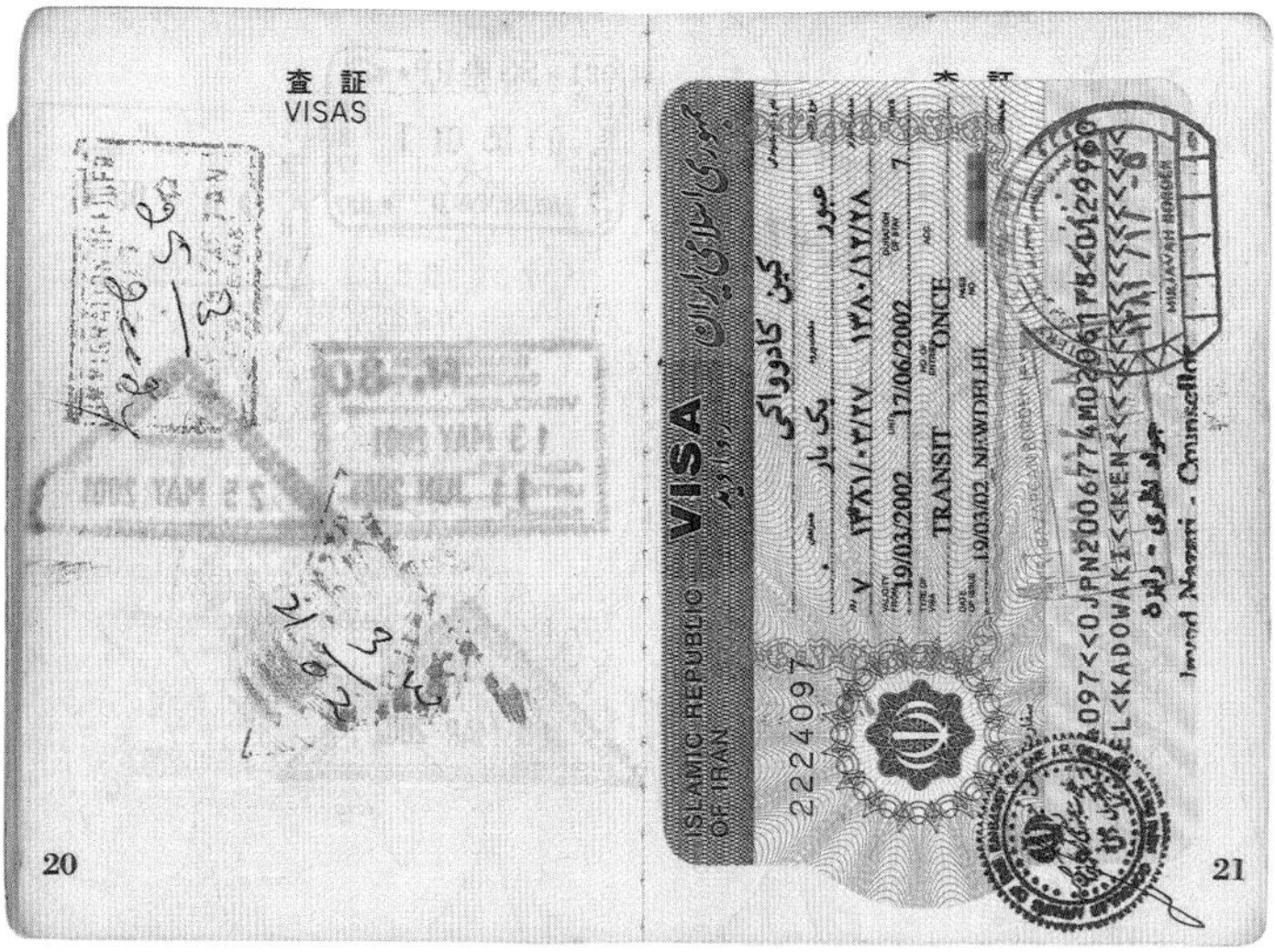
査証
VISAS
VISA
ISLAMIC REPUBLIC OF IRAN
2224097
19/03/2002
17/06/2002
TRANSIT
ONCE
19/03/02 NEWDELHI
20
21

パスポート　5

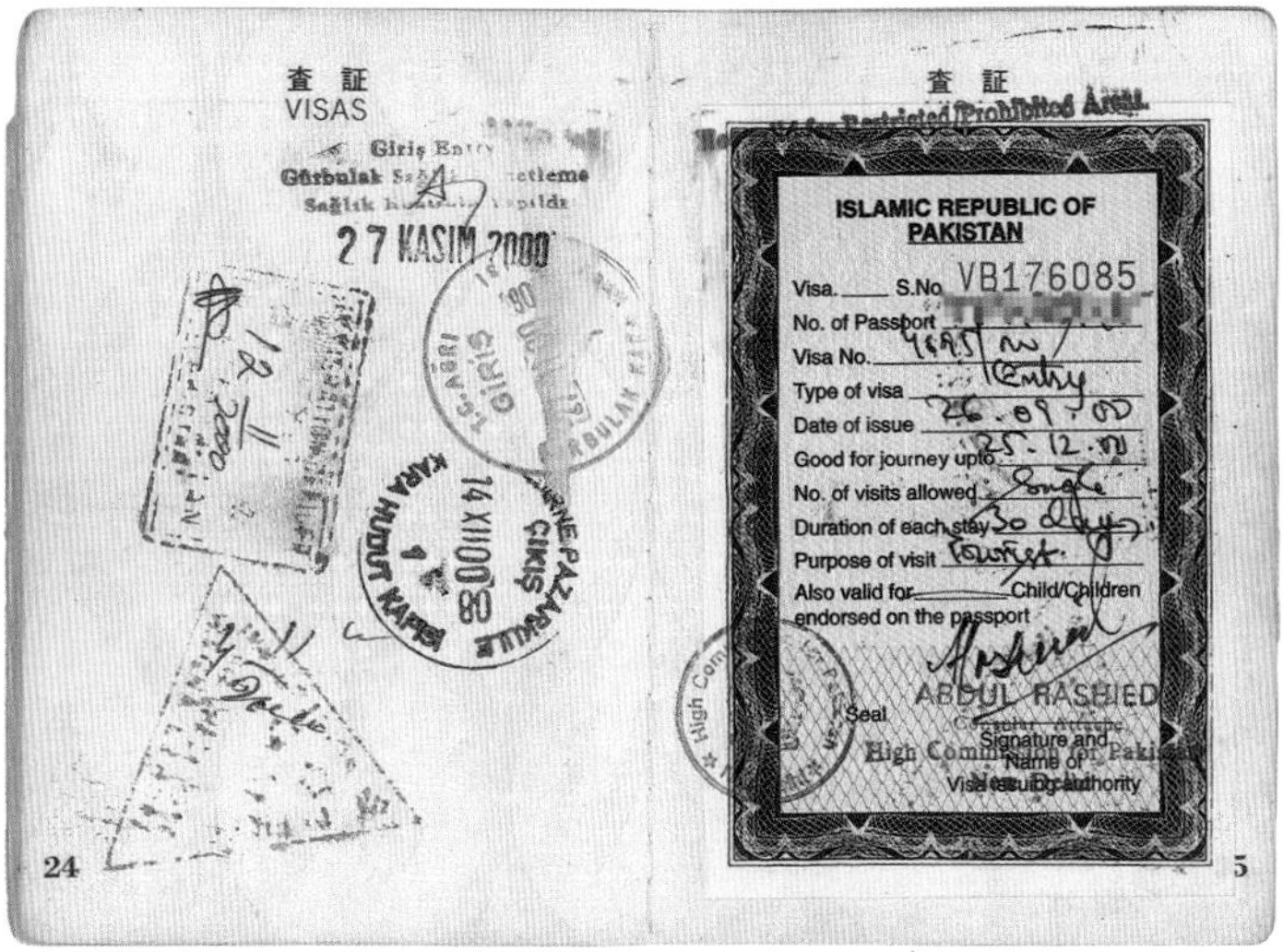
査証
VISAS
27 KASIM 2000
ISLAMIC REPUBLIC OF PAKISTAN
Visa. S.No VB176085
No. of Passport
Visa No.
Type of visa
Date of issue
Good for journey upto
No. of visits allowed
Duration of each stay
Purpose of visit
Also valid for Child/Children endorsed on the passport
Seal
ABDUL RASHIED
Signature and Name of Visa issuing authority
24
5

査証
VISAS
VISA EXTENTION
ISLAMIC REPUBLIC OF IRAN
VISA
1650466
TRANSIT
ONCE
06/10/2000
04/01/2001
06/10/00 NEWDELHI
26
27

パスポート　6

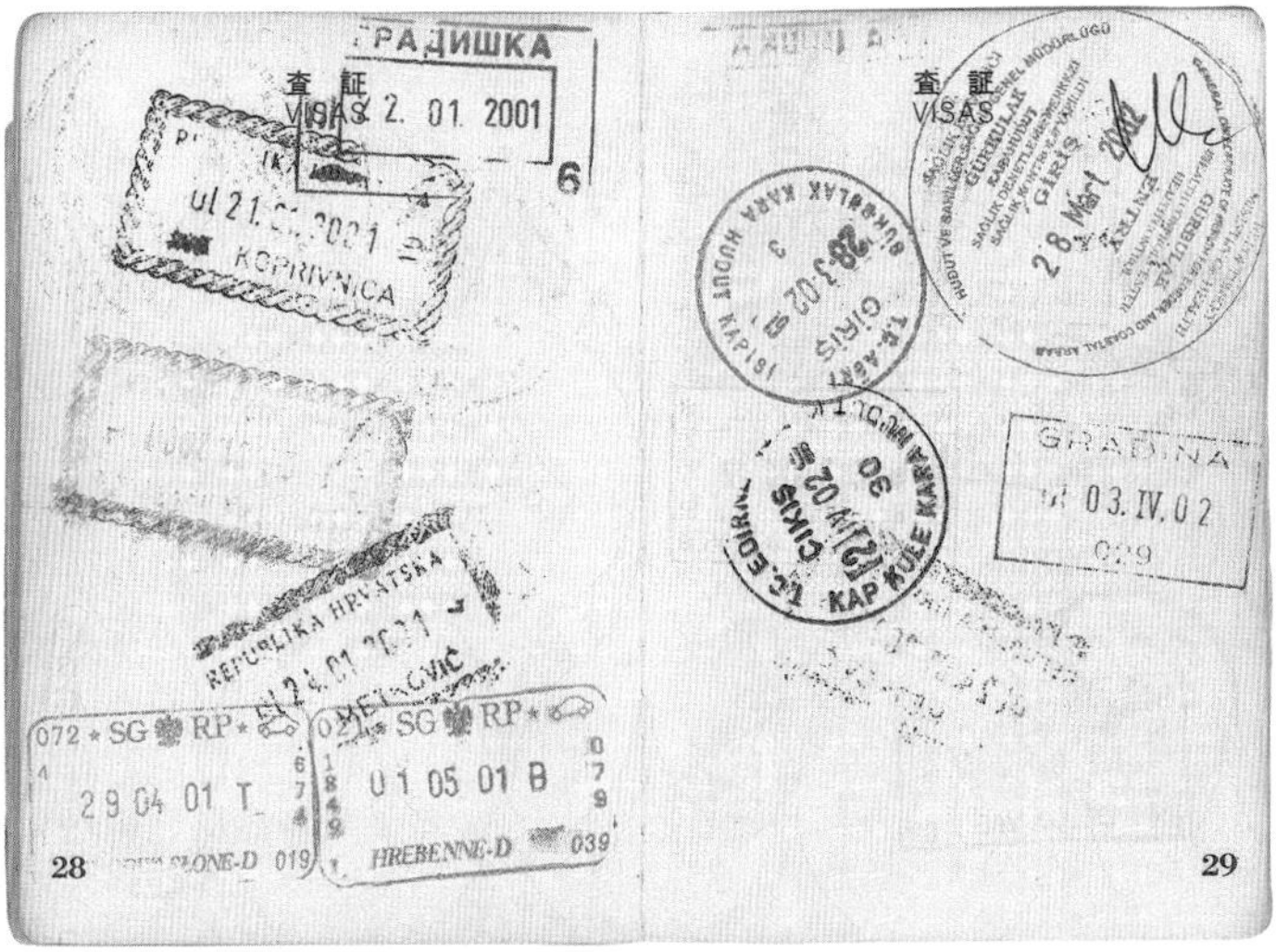
査証
VISAS
2. 01. 2001
KOPRIVNICA
REPUBLIKA HRVATSKA
29 04 01
01 05 01
HREBENNE-D
28
査証
VISAS
GRADINA
03. IV. 02
29

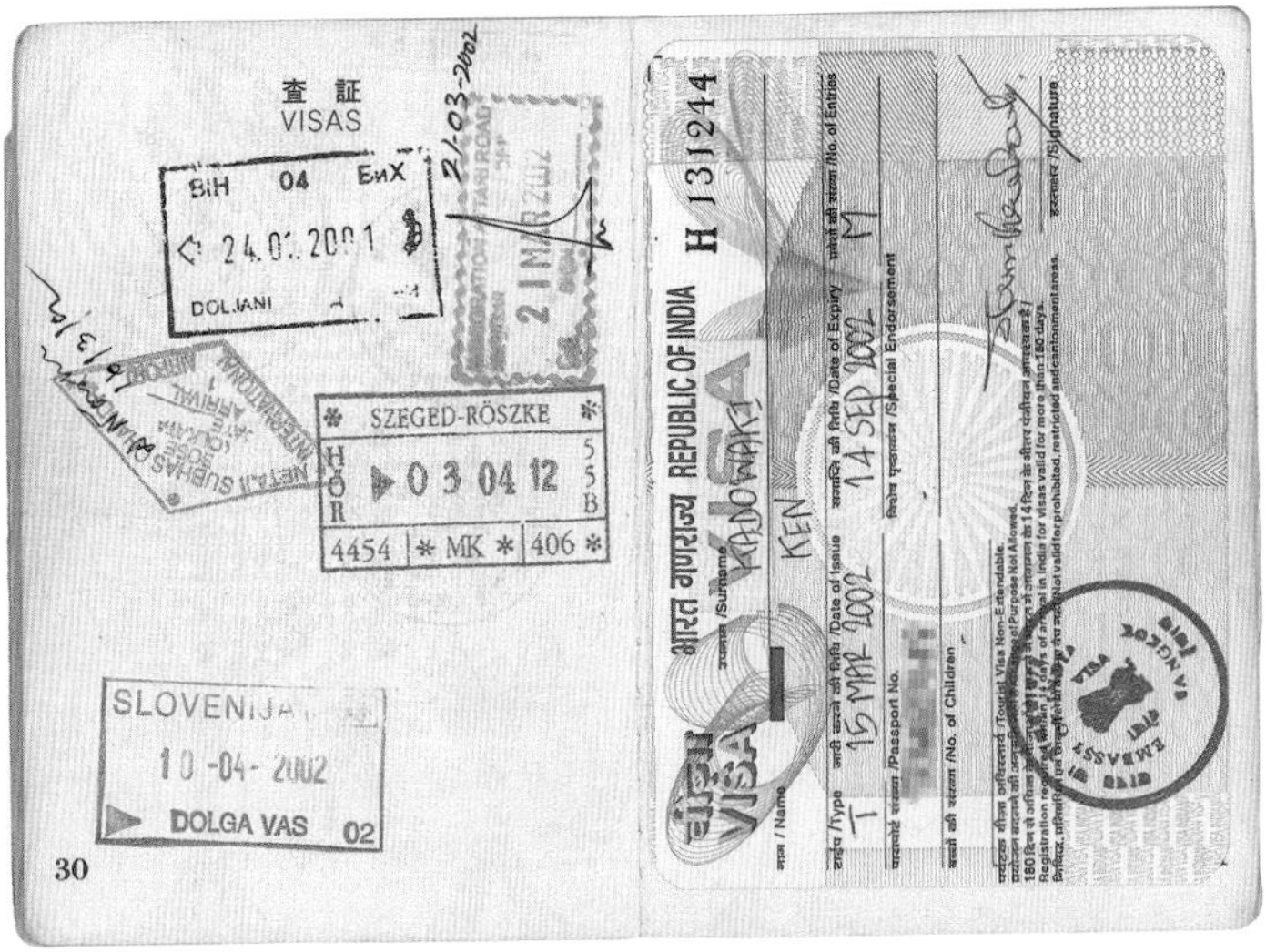
査証
VISAS
BiH
DOLJANI
SZEGED-RÖSZKE
03 04 12
SLOVENIJA
10 -04- 2002
DOLGA VAS
30
REPUBLIC OF INDIA
VISA
KEN
15 MAR 2002
14 SEP 2002

パスポート　7

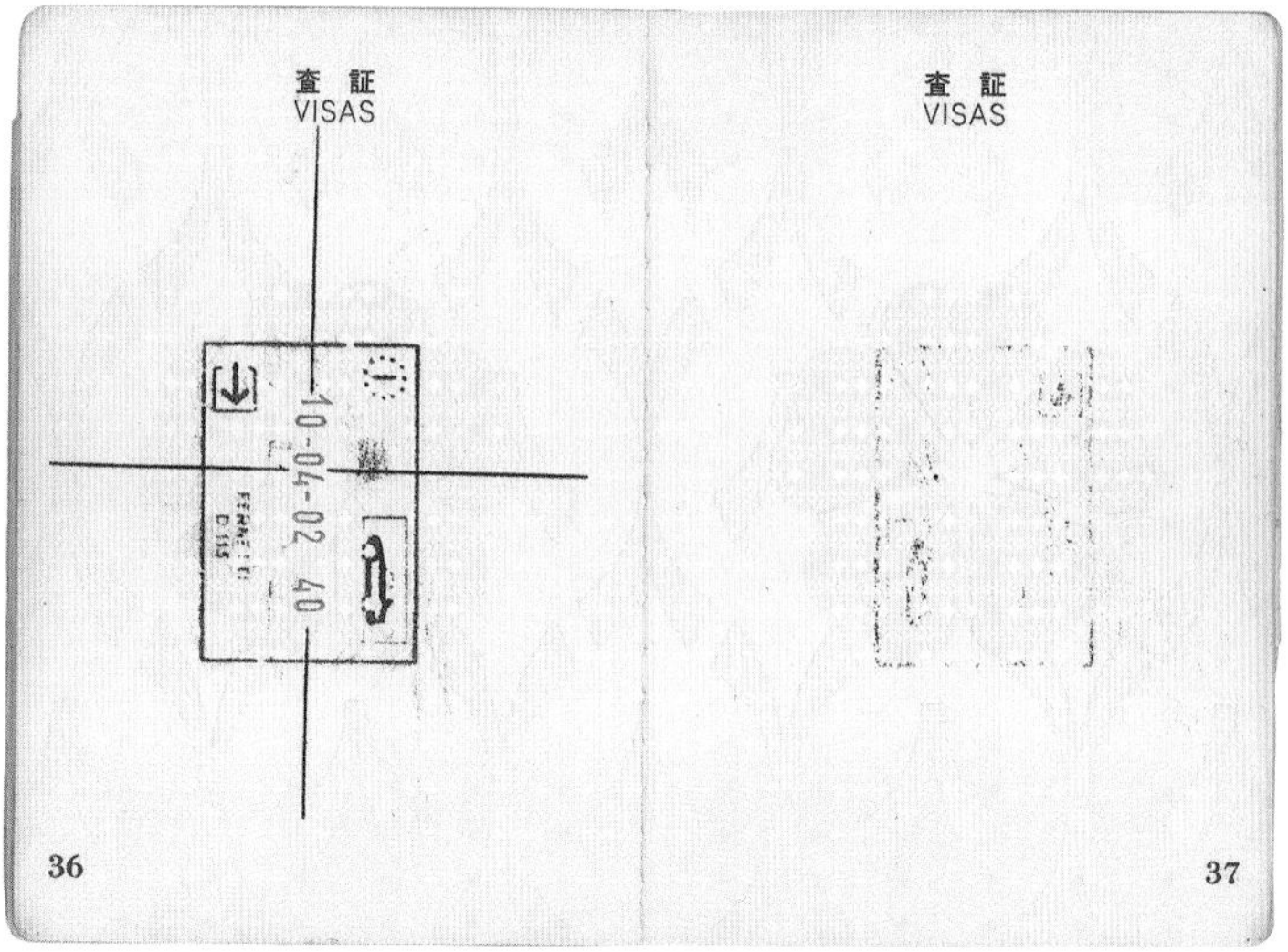

強制空路出国の時のもの（p.33 参照）

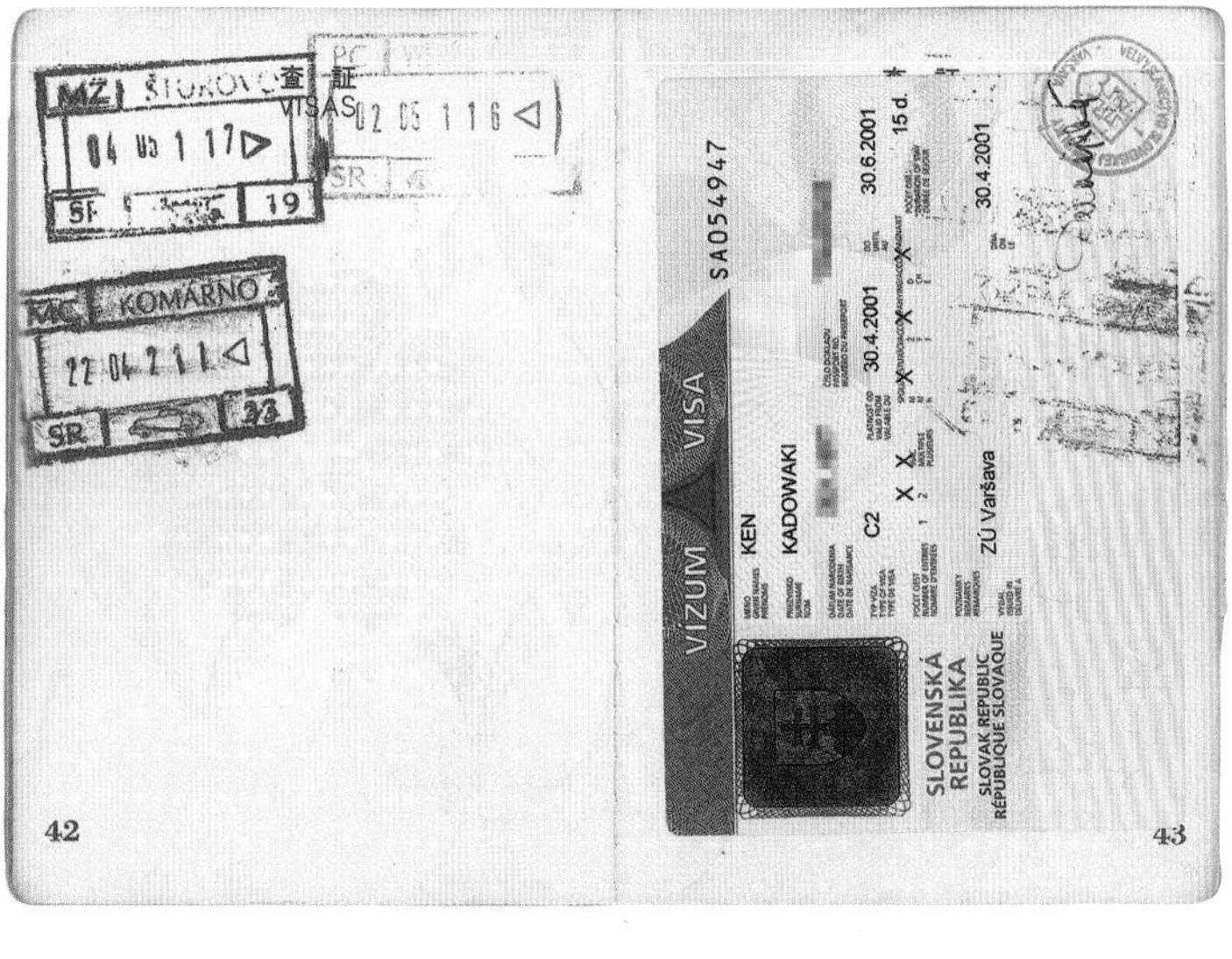

店舗

新宿区にある店舗のファサード

ドアではかわいい豚が迎えてくれる

店内

ずらりと並んだシャルキュトリ。すべて無添加だ

食肉製品販売業の資格を取れば既製品の販売も出来る

Recueil recettes

Abats

材料　21cmのテリーヌ型　4台分　1台＝1400g

豚腕肉	1本分（約6kg）	胡椒	適量
鶏レバー	1.5kg	塩	適量
セージ	25枚	コニャック	適量
ベルギーエシャロット	3個	ピスタチオ	250g
ニンニク	50g	網脂	
スパイス	適量		

作り方

① 豚腕の筋、血管を取り除き、2cm角に切る。鶏レバーの筋、血管を取り除く

② ①の肉とレバーをミンサー（粗挽き）にかける。コニャックで一晩マリネする

③ ベルギーエシャロット、ニンニク、セージをミキサーにかける

④【ファルス】③と②の肉、スパイス、胡椒、塩を入れて馴染むまでもみ混ぜる。ピスタチオを加えさらに混ぜる

⑤ テリーヌ型に網脂を敷いて、ファルスを詰める（1400g）。アルミホイルで上から包む

⑥ 火入れ　150℃で60分→100℃で20分

＊

粗熱が取れたら冷蔵庫で一晩冷やす

翌日型から外し、パテに付いたジュレをペーパーで拭き取り、真空パックする（99％の設定）

冷蔵庫で保存する

パテ・ド・カンパーニュ
Pâté de Campagne

シェフの一言

2 週間熟成させ、渾然一体となったところで提供する

宮崎産まるみ豚を使用した熟成パテ

材料 10cmココット（容量100g）×約20個分

鶏白レバー	2kg	植物性生クリーム	120ml
玉葱	1個	白トリュフオイル	適量
セージ	25枚	栗の蜂蜜	
コニャック	適量	塩	
無塩バター	200g	白胡椒	

作り方

① 白レバーの筋、血管を取り除きコニャックで一晩マリネする

② 鍋にバターを入れ、弱火にかけ焦がしバターを作る。スライスした玉葱、セージを加え　弱火で炒める

③ 白レバーを②の鍋に入れ、塩、胡椒、コニャックを加え中火で炒める。7割火が入ったらクリームを加えレバーの火の入り具合を確認する。余熱も考えながら火を止めるポイントを決める

④ ミキサーにかけ、シノワで濾す

⑤ 白トリュフオイル、栗蜂蜜を加え味を確認する

⑥ 冷えたバットに流し入れ、表面にラップをぴったり敷いて、上に保冷剤を乗せて上下から急速に冷やし、そのまま冷蔵庫で一晩冷やし切る

＊

レストランではスプーンでくり抜いて提供可能

販売の場合、ココットに入れてラップ、真空パックすると、変色もなく提供出来る

白レバーのムース　トリュフの香り　栗の蜂蜜入り
Mousse de fois de volaille au truffe et miel de chataigne

シェフの一言

レバーを、湯煎の火入れと違いある程度強めに火入れすることで、レバーの嫌な臭いがなくなるとともに色合いも安定する

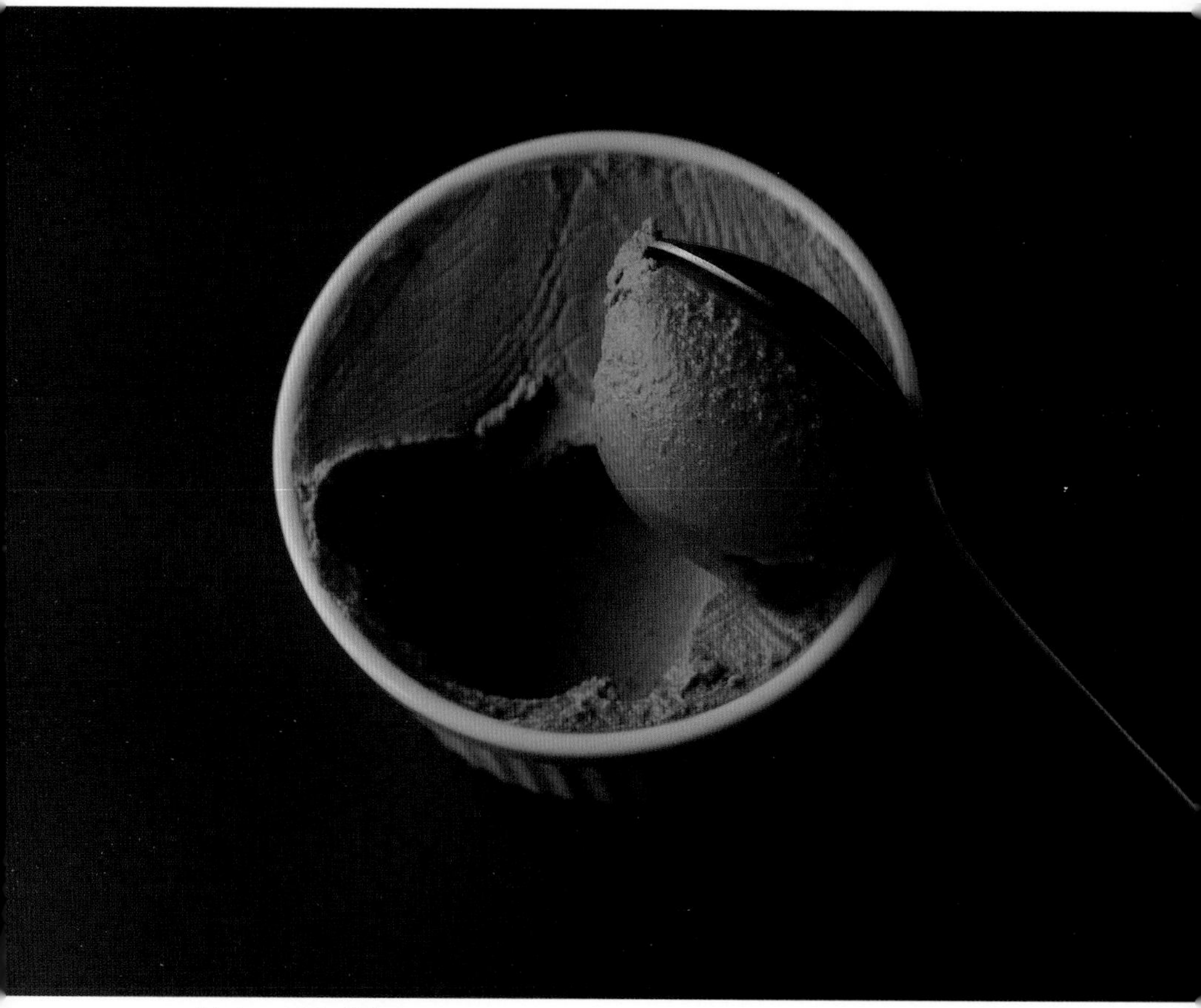

白トリュフと栗の蜂蜜がアクセント

材料　21cmのテリーヌ型　1台分

地鶏	3羽（約1.4kg/羽）	ベルギーエシャロット	
鶏白レバー	100g	コニャック	適量
甘栗	200g	スパイス	
セージ	25枚	塩	

作り方

① 地鶏は手羽先を外して、鶏皮をきれいに剝ぎ取る。ムネ肉、モモ肉、スネ肉、セセリ、ヒレ、ソリレスなどに分け、コニャックで一晩マリネする

② 手羽先はジュレで煮込んでから手羽肉をほぐす

③ ニンニク、セージ、エシャロットをミキサーにかけ、②の手羽肉を加えさらにミキサーにかける。スパイスを少量加える

④ スネに塩をしてからミキサーにかける

⑤ ササミ肉に塩をしてから甘栗とミキサーにかける

⑥ モモ肉に塩をかける

⑦ 白レバーに塩をかける

⑧ テリーヌ型に鶏皮を敷いて、⑥→③→⑦→④→⑤→⑥→鶏皮で下からそのまま包み込む。アルミホイルで包み込む

⑨ 150℃のオーブンで60分→100℃で20分加熱する

＊

粗熱が取れたら一晩冷蔵庫で冷やす

地鶏と栗のテリーヌ
Terrine de poulet et châtaigne

シェフの一言

素材本来のコラーゲンを生かすために、手羽肉を上手に使い接着させ、無駄なく使い切る

一羽すべて使ったテリーヌ

材料　8本分

若鶏モモ肉	2kg（8枚）	無塩バター	100g
鶏白レバー	500g	コニャック	少々
セージ	5枚	塩	
ニンニク	2片　スライス	胡椒	
玉葱	0.5個　スライス		

作り方

① 無塩バターを火にかけ、焦がしバターになったらニンニク、玉葱、セージを加え、塩、胡椒をしてソテーする
② しんなりしてきたらレバーを加え、塩、胡椒をし、コニャックを加え、炒め煮する
③ 8割火が通ったらミキサーでピュレ状にして、バットに流して冷す
④ 鶏モモ肉の厚さが均等になるように包丁を入れ、塩をしてコニャックで一晩マリネする
⑤ ラップを約40cm四方になるように敷いて、乾いたペーパーで空気を抜くようにラップを伸ばす
⑥ ⑤をラップ中央やや手前にのせ、③のレバーペーストを人差し指くらいの太さで横一本にのせる。鶏モモ肉を手前からレバーペーストを包むように奥側に巻く。ラップで鶏モモ肉を空気が入らないように巻きつけていく。両端を結ぶ
⑦ 鍋にたっぷり水を入れ、⑥を入れる。弱火にかけて約1時間かけて80℃まで湯温を上昇させ火入れする
⑧ 氷水などで急冷して粗熱を取ったら、一晩冷蔵庫で冷やす

＊

保存する場合は、結び目片方をハサミで切ってラップ包みごとペーパータオルでもち、真空袋の中に向けて絞り出すとツルンと抜ける。真空後、冷蔵庫で1週間保存可能

若鶏のバロティーヌ
Ballotine de poulet

シェフの一言

クリームを加えない濃厚なレバーペーストを中央に巻き込んで、淡白な若鶏を引き立てる一品

切り分けて皿に盛れるのでホームパーティに使いやすい

材料 21cmのパウンド型　1台分

兎　2羽（内臓付）　*腎臓は使わない		粉ゼラチン	10g
ニンニク	1片	コニャック	適量
ベルギーエシャロット	30g	網脂	適量
セージ	8枚	塩	
セミドライ無花果	80 ～ 100g	香辛料	

作り方

① 兎肉を各部位に分ける（背肉、手羽、モモ肉、アバラ肉、ヒレ肉、セセリ、肩、レバー）

② ジュレで手羽を茹でて肉をほぐす

③ エシャロット、ニンニク、セージ、②をミキサーにかける

④ 背肉、レバー、③、塩、香辛料を加えミキサーにかけ、粉ゼラチンを混ぜる

⑤ アバラ肉以外の肉に塩をして、④と混ぜ合わせる

⑥ テリーヌ型に網脂を敷き、アバラ肉を敷いて⑤を半分入れ、無花果、⑤半分、アバラ肉の順に組み込み網脂で包んで、アルミホイルでくるむ

⑦ 150℃のオーブンで60分、100℃で20分火入れする。アルミホイルを外し、粗熱が取れたら冷蔵庫で一晩冷す

⑧ 兎はゼラチン質が少ないので、型から外す時はパレットナイフなどを使って、やさしく外す

＊

保存する場合は、真空機を99%に設定して真空パックし、冷蔵保存する

兎と無花果のテリーヌ
Terrine de lapreau et figue

シェフの一言

見た目以上に濃厚な仕上がりになるようにしている。肉のなめらかさを出したいので、パサつきやすい背肉はレバーとペーストにして、全体のつなぎ役に徹してもらう。手羽の小骨には注意すること

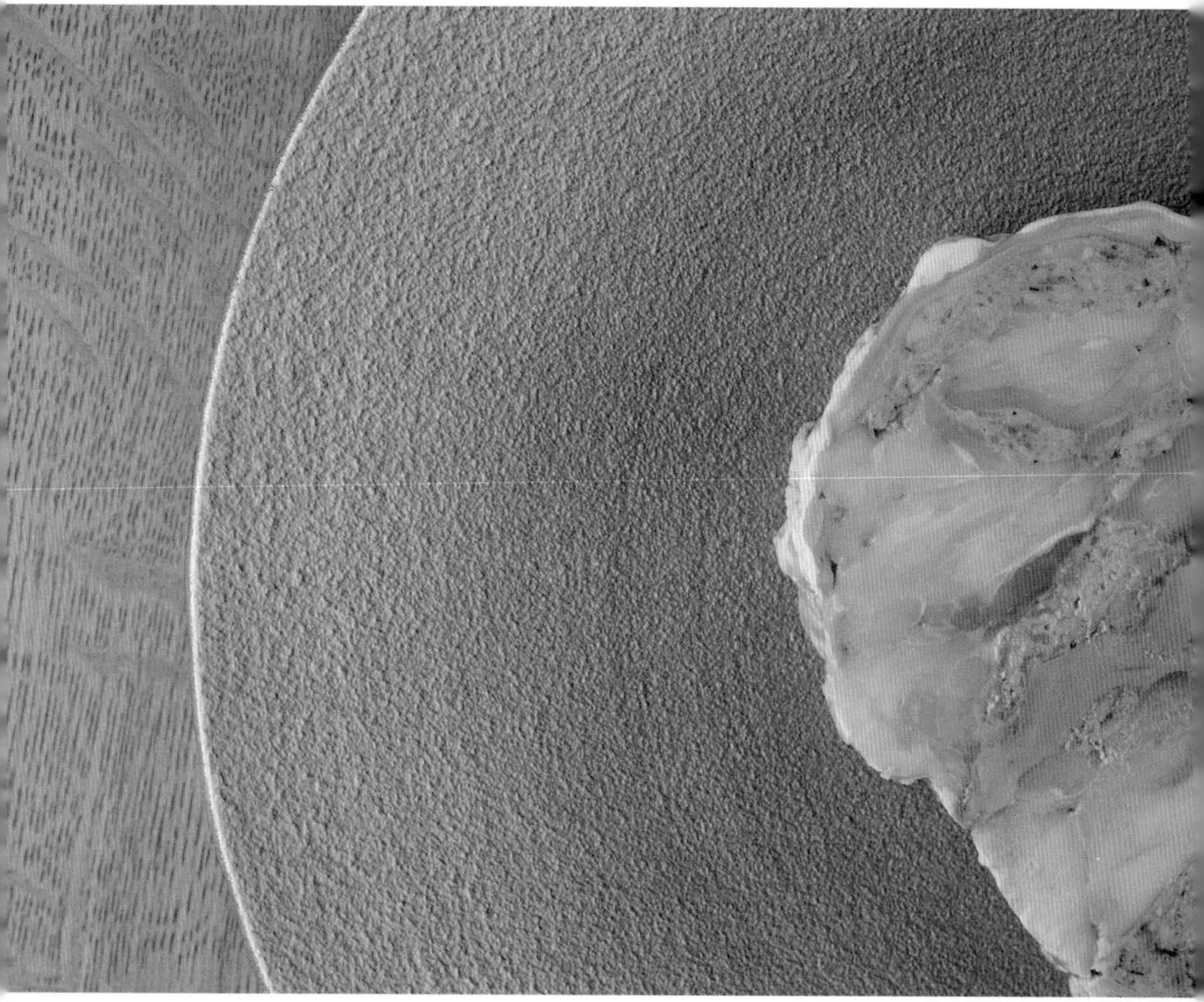

赤身肉に負けない濃厚なテリーヌ

材料　直径12cmの人工ケーシング　2本分

鴨丸	2羽	ニンニク	20g
白レバー	500g	セージ	1pc
鶏挽き肉	1kg	スパイス	
アーモンド（ロースト）	300g	塩	
ドライレーズン	150g	胡椒	
ベルギーエシャロット	2個	コニャック	適量

作り方

① 鴨は皮を剥がし、手羽先を外す。ジュレで煮る。手羽先は肉を外す
② 鴨肉を外す
③ 白レバー、①②と一緒にミンサーにかける
④ ニンニク、エシャロット、セージをミキサーにかける。アーモンドは砕く
⑤ 鶏挽き肉と③、④、スパイス、塩、胡椒を加え混ぜる
⑥ 人工ケーシングの外側を軽く水につける（こうすると密着しやすくなる）
⑦ ケーシングに⑤を少しずつ詰める（途中トントンしながら空気を抜く）。結び目スペースを残したくらいで詰めるのをやめる。@裏技（真空包装機があればここでケーシングごと99%設定で真空にかける）。結び目に蛸糸約10cmを絡めて結ぶ（加熱後吊るすため）。深めの鍋にケーシングがしっかり浸かるように水を入れる
⑧ 弱火でゆっくり火入れする。約2時間かけて80℃になるまで加熱する。ケーシングがパンパンに張りが出て来る

＊

茹で上げたら風通しの良い涼しい所にケーシングをS字フックに引かけて吊るす。粗熱が取れるとケーシングがシワシワになる
その後一晩冷蔵庫で冷やす
翌日ケーシングを外し、真空パックする

鴨とアーモンドのソシソン
Saucisson de canard d'amande

シェフの一言

レストラン時代から人気のシャルキュトリ。テリーヌ型で仕上げるより人工ケーシングのほうが脂分と水分が戻るので、しっとりとした仕上がりになる

脂身を一度火入れしてミンチで加えることで、深みのある味わいに

あとがき

――謝辞にかえて――

「シャルキュトリ　アバ」を開業した時に理想としていたのが、家庭の晩御飯のおかずの一品に当たり前のように取り入れてもらい、日常使いとしてのシャルキュトリを受け入れてもらうというのがあった。

デパ地下などでしかお目にかかることがなかったシャルキュトリだが、近年わりと見かけることも多くなり、ビストロなんかでもメニュー記載が増えて来ているが、どうしても外で食べるものというイメージがあり、価格も安くない。

ということで、商品の価格を五〇〇円から用意して、なおかつ親しみやすい食材をシャルキュトリに加工することにより、手に取りやすい商品にすることを心掛けている。

手に取りやすい価格帯で展開していると、週一で来店してくれるお客さんも多く、品数を増やす励みにもなる。手土産で購入される方も増えて来ていて、連休前には新幹線に乗る前に買いに来られる方もいる。

シャルキュトリが、日常使いしてもらえるくらい定着した時に、ケーキやクッキーのように手土産や御中元などのバリエーションの一つのアイテムとして認知されるよう努力していきたい。

この数年で、シャルキュトリをメニュー記載するお店は増えたが、きちんと理解し、お客さんに提供しているお店はどのくらいあるのだろう？と個人的には思う一方、自分自身しっかり食材と伝統に向き合って、今の時代に合う食文化の一つとしてシャルキュトリを提供していきたいと思う。


食肉製品製造業の資格を取得するにあたり、二つ返事で協力してくれたドクターの鈴木先生、出淵先生、元N医研究者の馬越さん、薬剤師の前田さん。この四人が揃わなければ開業は出来なかったとハッキリ言える。

それと、検疫機器や備品をすべて揃えてくれた、株式会社ヒラサワの脇田さん。

通販などの販路やホームページ作成などをしてくれた、白石さん。

地味なシャルキュトリをこんなにエロく撮ってくれた、カメラマンのジョニー。

北海道の修業時代、お世話になった甲斐シェフ。

本郷でのレストラン時代の大家さんの二木ご夫妻。

出版に乗り気じゃない自分に何度も声をかけてくれた、エムケープランニングの喜多代表とマダム。

そして、いつも支えてくれた妻のなっちゃんにも心から感謝しています。

この本がこれから独立開業する方や飲食店を経営されていて、シャルキュトリを取り入れようとする方に少しでもヒントになればと思います。

二〇二四年四月二五日

門脇 憲

アバ店主近影

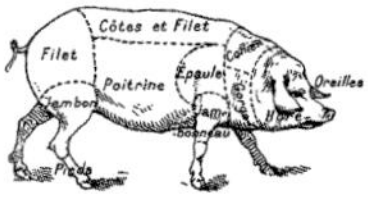
Côtes et Filet
Filet
Poitrine
Épaule
Oreilles
Jambon
Pieds

門脇 憲（かどわき・けん）
1977年北海道松前町生まれ。世界60カ国以上を巡り様々な料理を体験したのち、2009年文京区本郷で、シャルキュトリとジビエ主体のレストランを開業。のちに、食肉製造の許可を取得。2021年新宿区で無添加のシャルキュトリ専門店を開業。
https://abats.thebase.in/

無添加シャルキュトリ

食肉製造職人からのメッセージ

二〇二四年五月二一日　初版第一刷発行

著者……門脇 憲
発行者……喜多雅文
発行所……エムケープランニング
〒一一二―〇〇〇四　東京都文京区後楽一―四―一一―一二〇二
発売所……株式会社田畑書店
〒一三〇―〇〇二五　東京都墨田区千歳二―一三―四―三〇一
印刷……モリモト印刷株式会社
製本……モリモト印刷株式会社
DTP……株式会社ユニカイエ
AD……井川國彦
装幀……エムケープランニングデザイン室＋株式会社ユニカイエ

落丁・乱丁本はお取り替えします。ISBN978-4-8038-0429-4 C0077